FRED&OTTO

Almut Otto

# Stadtführer für Hunde

# FRED&OTTO

## Unterwegs in München

FRED&OTTO

## Impressum

Bibliografische Informationen der Deutschen Nationalbibliothek

Die Deutsche Nationalbibliothek verzeichnet diese Publikation in der Deutschen Nationalbibliografie; detaillierte bibliografische Daten sind im Internet über http://dnb.d-nb.de abrufbar.

ISBN: 978-3-9815321-7-3

Grafisches Gesamtkonzept, Satz und Layout:
Stefan Berndt – www.fototypo.de

© Copyright: FRED & OTTO – der Hundeverlag / 2013

www.fredundotto.de

Illustration:
Leandro Alzate (www.leandroalzate.com)

## Abbildungsverzeichnis

Almut Otto: S. 14, 15, 16, 17, 18, 20, 21, 25, 29, 30, 31, 35, 39, 48, 49, 53, 63, 68, 69, 73, 75, 76, 77, 78, 79, 84, 86, 87, 92, 96, 97, 99, 103, 104, 107, 109, 118, 119, 123, 125, 126, 127, 134, 138, 139, 140, 141, 142, 143, 144, 146, 147, 148, 149, 154, 155, 168, 169, 178, 181, 184, 186, 187, 190, 191, 197, 200, 201, 207, 209, 220, 221, 225, 226, 233, 234,

FRED & OTTO: Adrian Lieb: S. 128; Alexander Schug: S. 161; Ina Maslok: S. 83, 210, 251

Franz Osterhammer: S. 9; www.wuehltischwelpen. de (G. Metz): S. 26; Brunopet: S. 33; Petra Thaller: S. 36; Ulrike Weber: S. 38; Tierheimhelden: S. 44; Tobias Grundig: S. 41; Dr. Silke Wechsung: S. 43; Daniela Hüther: S. 45, 46, 47; TerraCanis: S. 54; Wildsterne: S. 55; Dr. Kienzle: S. 57; Flexidog: S. 58, 59; Andrea Späth: S. 60, 61, 62; Stephanie Fuchs: S. 64; Jeffo: S. 66; Tobias Grundig: S. 81; Mona Oellers: S. 101; Susanne Schramke: S. 106; Kleinmetall GmbH: S. 111 (oben); Land of Dogs: S. 111 (unten); Kleinmetall GmbH: S. 112; Land of Dogs: S. 113; Vanessa Lewerenz- Bourmer: S. 116; Susie Knoll: S. 130; Reiner Rösch: S. 132; Wolfgang Weber: S. 133; Rico Prauss: S. 135; Vita Assistenzhunde: S. 151, 152, 153; Feuerwehr München: S. 159; Tasso: S. 163, 165; Nadine Zache: S. 166; Dr. Klaus Sommer: 176; Vetfinder (Thomas Hinze): S. 188, 189; Diana Bartl: S. 194, 195; Ruffwear: S. 196; Ute Holzmann: S. 198; Treusin: S. 199; Franziska Feldsieper: S. 203; Sabine Gudath: S. 205; Frauke Artz: S. 211; Snoopet (Larissa Maes): S. 213; Chris Vietinghoff: S. 215, 216; CITY DOG: S. 218: Sabine Gudath: S. 219; B. Keller: S. 228; Dorothea Carls: S. 230; Andrea Ihringer: S. 231; Tobias Grundig: S. 236 (Rechte der Produktabbildungen liegen bei den jeweiligen Herstellern)

Die Gewiner unseres Münchener Fotowettbewerbs: Ela Pastusiak: S. 19 (oben); Christopher Eisenmann: S. 19 (rechts unten); Iris Deuber: S. 19 unten links

Finde uns auf Facebook unter www.facebook.com/fredundotto

# Inhalt

# VOR WORT

Leben und leben lassen ist das Motto von Minga, wie die Stadt gerne von den Münchenern genannt wird. Damit stellt sie einen hohen Anspruch an sich und die Menschen die dort wohnen. Nur durch Toleranz und Rücksicht aufeinander können die kleinen Freiheiten, die es in der Millionenstadt gibt, beibehalten werden. Bei unseren Recherchen und Ausflügen in und um München herum, waren meine Labradordame Salome und ich erstaunt, mit wie viel Herzlichkeit wir empfangen wurden. Ob Park oder Shop, öffentliche Verkehrsmittel oder Kulturhighlight – wir waren fast überall gerne gesehen. Natürlich haben wir uns auch vorbildlich – z. B. mit vorausschauender Rücksicht auf Nichthundehalter – gezeigt. Dieses harmonische Miteinander beweist ganz klar: München ist eine Weltstadt mit Herz – auch für Hunde!

Umso mehr hat es Spaß gemacht, die Münchener Hundewelt genauer unter die Lupe zu nehmen. Herausgekommen ist ein Handbuch zu allen Themen, die das Münchener Zamperlleben betreffen: Vom Hundekauf bis hin zur Sterbebegleitung. Wir haben uns redlich bemüht, das bunte Hundetreiben in München in allen seinen Facetten einzufangen, lokale Experten zu viel diskutierten Themen zu befragen, am Alltagsleben Münchener Hundemenschen teilzunehmen und Daten, Zahlen, Fakten übersichtlich zusammenzustellen. Sicher konnten wir nicht jeden und alles rund um die Fellnasen berücksichtigen. Und doch hoffen wir, dass Fred & Otto Münchener Hundebesitzer sowie Touristen der Stadt umfassend, unterhaltsam und informativ durch die Isarmetropole führen.

Wir wollten einen Stadtführer machen, in dem der Leser gerne blättert und der zudem einen hohen Zusatznutzen bietet. Deshalb haben wir sehr viele Münchener mit ihren Hunden fotografiert, einen übersichtlichen Stadtplan entwickelt und eigens für Sie zusammen mit unseren Partnern attraktive Rabattcoupons beigefügt.

Die Idee zu diesem Stadtführer entstand übrigens in Berlin. Hier schlich sich ein junger Schoko-Labrador namens Otto in das Herz des Verlegers Dr. Alexander Schug und wollte vor allem mit ihm – und seinem virtuellen Hundefreund Fred – das Berliner Stadthundeleben erforschen. Mittlerweile sind Fred & Otto weit gereist. Es ist eine ganze Stadtführerreihe entstanden. Die Fred & Otto-Serie gibt es neben Berlin und München auch für Düsseldorf, Frankfurt am Main, Hamburg, Köln, Sylt und demnächst auch für das Ruhrgebiet und Wien.

An dieser Stelle danke ich allen, die mich mit Rat und Tat, als Fotomodell und Interviewpartner oder auch als Gesprächspartner und Lektoren im Hintergrund bei den Arbeiten an diesem Hundeführer wie selbstverständlich unterstützt haben.

Viel Spaß beim Lesen und mit Ihrem Hund unterwegs in München

Almut Otto mit Salome

Almut Otto & Salome

*PS: Ich bin oft gefragt worden, ob mein Nachname etwas mit dem Titel „Fred & Otto unterwegs in München" zu tun hat. Also, die Geschichte ist so: Otto ist der Labradorrüde von Alexander Schug, dem Herausgeber und Autor von Fred & Otto unterwegs in Berlin. Ich persönlich bin erst viel später zu dem Hundebuch gekommen, freue mich aber über die witzige Namenskonstellation.*

# Schnelleinstieg in die Münchener Hundewelt

## Anzahl der Hunde

31.928 (Stand Juli 2013)

## Höhe der Hundesteuer

Anmeldung ist gebührenfrei. Die Steuer beträgt 100 Euro für jeden gehaltenen Hund und ist jährlich zum 15. Januar fällig. Kampfhunde kosten 800 Euro.

Jeder Hund muss innerhalb von zwei Wochen nach der Anschaffung oder dem Zuzug nach München angemeldet werden. Bei Geburt durch eine gehaltene Hündin muss der Welpe spätestens zwei Wochen, nachdem er vier Monate alt geworden ist, angemeldet werden. Die steuerliche Anmeldung eines Hundes bei der LH München kann per Online-Formular, per PDF, per Fax, telefonisch oder persönlich erfolgen. Bedürftige können einen Antrag auf Steuerbefreiung stellen.
*Kontakt: Kassen- und Steueramt, Herzog-Wilhelm-Straße 11, 80331 München, Raum 313 oder 314, Tel.: 089-23326297, Fax: 089-23323024, Mail: hundesteuer.kasta.ska@muenchen.de, Web: http://www.muenchen.de/dienstleistungsfinder/muenchen/1074315/*

## Bußgelder

35 – 75 Euro leichte Vergehen. 500 Euro Regelbußgeld bei Hundehaufen auf Kinderspielplätzen, Liegewiesen u. ä.

## Wo muss ich in der Stadt anleinen?

Es gibt keinen generellen Leinenzwang in München. Aber an den Wegen der durch grüne Poller mit einem durchgestrichenen Dackel gekennzeichneten Flächen, rund um Kinderspielplätze, in der Altstadt, in Naturschutz- und Jagdgebieten müssen Hunde an der kurzen Leine geführt werden. Das gleiche gilt für den Straßenverkehr und im Bereich des MVV.
Die „Neue Münchener Linie" sieht zudem einen Leinenzwang für alle großen Hunde über 50 Zentimeter Schulterhöhe überall da vor, wo viele Menschen zusammenkommen. Hierzu gehören der Bereich innerhalb des Altstadtrings, Fußgängerzonen, verkehrsberuhigte Bereiche, Märkte und Feste. Als gefährlich eingestufte Hunde müssen in der Öffentlichkeit immer angeleint sein.

## No-Go-Areas

Kinderspielplätze, Spiel- und Liegewiesen sowie Biotope sind für Hunde tabu!

## Wo darf mein Hund baden?

Außerhalb der Badesaison – diese ist von Mitte Mai bis Mitte September – darf der Hund an allen Badeseen baden. Alternativen sind Seen außerhalb von München, die Isar mit ihrer teilweise starken Strömung oder die Würm, deren Wasserqualität nicht immer überzeugend ist. Seen in Naturschutzgebieten sind immer tabu!

## Haftpflicht und Chip

Derzeit besteht für Münchener Hundehalter noch keine Pflicht zum Abschluss einer Haftpflichtversicherung. Für Hunde keine Chippflicht.

## Kennzeichnung der Hunde

In München muss jeder Hund außerhalb des eigenen Grundstücks oder der Wohnung ein Halsband mit Namen und Anschrift des Halters tragen – auch wenn der Hund mit einem Chip gekennzeichnet ist.

## Regelungen für „gefährliche Hunde"

Kampfhunde der Klasse 1 dürfen in München grundsätzlich nicht gehalten werden.
Hunde mit vermuteten Kampfhundeeigenschaften, also Hunde der Klasse 2, benötigen ein Negativzeugnis.
Touristen, die mit ihren Kampfhunden München besuchen, müssen den Hund jederzeit an einer reißfesten, maximal drei Meter langen Leine halten. Nähere Informationen gibt es unter http://www.muenchen.de/dienstleistungsfinder/muenchen/1080512/

## Hundehaufen

In München gibt es 420 Hundekotbeutelspender, täglich werden ca. 15.000 Tüten gezogen, etwa 5 Tonnen Hundekot fallen an, es gibt 10.000 Abfallbehälter und diese werden in der Isarmetropole sehr gut genutzt – eine Grünanlagenaufsicht achtet darauf. Hinweise an Tel.: 089-23327656, www.muenchen.de/reinundsauber

## Anzahl Auslaufgebiete

1200 städtische Grünanlagen laden zu Spaziergängen ein. Die beliebtesten Hundeauslaufgebiete sind im Stadtplan gekennzeichnet.

## Hunde im öffentlichen Nahverkehr

Hunde müssen im MVV – das sind S-/U-Bahn, Bus und Tram – angeleint werden, sofern sie nicht in einer Tragetasche transportiert werden. Die Tiere dürfen umsonst mitfahren. Voraussetzung: Der Besitzer hat einen gültigen Fahrschein gelöst. Für jeden weiteren Hund muss ein Kinderfahrschein gelöst werden, es sei denn, das Tier ist in einer Transportbox.

# Stadt & Hund

Seht auf Hunde dieser Stadt! Große und kleine, freche und wohlerzogene, alte und Welpen. Hunde gehören zu München wie die Frauenkirche und das Oktoberfest. Mehr als 30.000 Vierbeiner gibt es in der Isarmetropole. Hunde sind Teil unserer Kultur, fester Bestandteil unseres Stadtlebens. Zum Einstieg ein fotografischer Streifzug durch die Stadt.

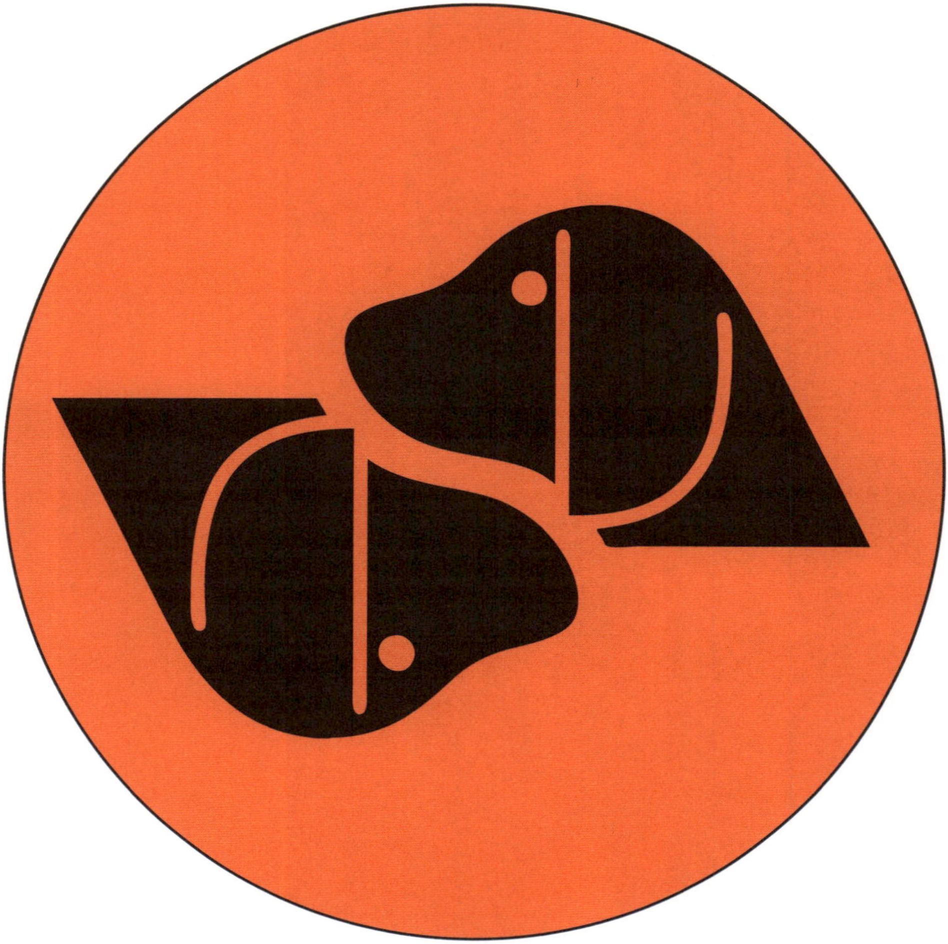

# Züchter, Tierheim & Co.

Wie der Münchener auf den Hund kommt: Zugegeben, die meisten Hundebesitzer kommen schneller zum Hund, als sie denken können. Doch bevor Emotionen die Oberhand gewinnen, sollten vor der Anschaffung eines treuen Gefährten einige Grundsatzfragen geklärt sein. Ob Rasse oder Mischling, Tierheim oder Züchter – jede Fellnase hat zudem ihren eigenen Charakter. Wer sich bei der Auswahl professionell unterstützen lässt, ist gut bedient. Wir haben verschiedene Ansätze des Hundekaufs in München unter die Lupe genommen.

# Prüfe, wer sich bindet

## Hundeschulen wie „Freude am Hund" bieten Kaufberatung an

„Meine Hauptaufgabe ist es mittlerweile, kaputte Hunde sozusagen wieder zu reparieren", erzählt Tierpsychologin Rita Kampmann von der Hundeschule Freude am Hund in München. Während ihre Mitarbeiterinnen Welpenkurse, Erziehungstrainings oder auch Agility und Mantrailing durchführen, nimmt sich die Chefin der Schule vor allem der Problemfälle an. Der Grund: Viel zu viele Hundebesitzer kaufen Rassen, die nicht zu ihrem Lebensstil oder der jeweiligen Lebenssituation passen. Da gibt es die Rollstuhlfahrerin, deren Hund einen starken Jagdtrieb besitzt oder eine vierköpfige Familie mit Kleinkindern inklusive Hund mit ausgeprägtem Schutztrieb, der seine Aufgabe in der Bewachung der Kinder sieht. Klar, dass hier Probleme vorprogrammiert sind.

Viele Hundeschulen bieten deshalb Beratung vor dem Hundekauf an. In der Regel bekommt der Kunde die entstandene Gebühr beim Besuch der Welpenschule wieder gutgeschrieben. So auch bei Freude am Hund im Olympiapark. Für nur 20 Euro steht das Team Interessenten vor der Anschaffung eines Hundes mit Rat und Tat zur Seite. Eine Ausgabe, die sich definitiv lohnt, wenn man

### Hundeschule Freude am Hund

Trainingsgelände im Olympiapark, 80637 München, jetzt auch mit Zweigstelle in München/Pasing, Inh. Rita Kampmann & Team, Mobil: 0160-97715413, Mail: kontakt@freude-am-hund.info, Web: www.freude-am-hund.info, www.hundetrainerausbildung-münchen.de

Neben Kaufberatung und der klassischen Hundeschule mit Welpenspielstunden, Erziehungskursen, Einzeltraining, Agility, Treibball, Mantrailing und vielem mehr bietet Freude am Hund auch Hundetrainerausbildungen an – diese sind nicht nur für angehende professionelle Hundetrainer interessant, sondern für jeden Hundebesitzer eine großartige Lebensbereicherung.

Rita Kampmann mit Paula, Lotte und Salome

bedenkt, dass einen die Fellnase mindestens zehn Jahre lang als treuer Weggefährte begleiten wird.

## Passt der Hund in das eigene Leben?

Doch bevor es überhaupt an die Rassefrage geht, sollte sich jeder Hundefreund zwei wichtige Fragen ganz ehrlich beantworten: Kann ich mir finanziell einen Hund leisten? Und: Habe ich genügend Zeit für mein Tier? Laut Stiftung Bündnis Mensch & Tier kommen zu dem Anschaffungspreis des Hundes noch circa 2000 Euro pro Jahr an Unterhaltskosten hinzu. Der Zeitaufwand wird mit sechs Stunden pro Tag berechnet, wovon knapp zwei Stunden für Spaziergänge abgehen. Diese Angaben sind zwar sehr pauschal, aber geben erste Anhaltspunkte für

die Entscheidung. „Tatsächlich sind Preis und Zeitaufwand je nach Hunderasse eher unterschiedlich", weiß die Hundeexpertin Kampmann zu berichten.

Sind die beiden Grundsatzfragen geklärt, gilt es weitere Kriterien abzuklopfen. Soll der Hund als direkter Sozialpartner dienen, braucht er andere Wesenszüge als ein Familien-, Jagd- oder Wachhund. Auch die individuelle Wohnsituation und persönliche Konstitution sind bei der Wahl der Rasse entscheidend. Ein Windhund braucht nun einmal mehr Auslauf als ein Chihuahua.

## Wesenszüge kennen

„Viele Menschen entscheiden sich aufgrund der Optik für eine bestimmte Hunderasse ohne deren Wesenszüge oder auch Bedürfnisse zu kennen", warnt die Tierpsychologin. Ein guter Kaufberater sollte sich sehr gut mit Kynologie auskennen. Denn meist gibt es zur eventuell nicht passenden, gewünschten Hunderasse eine adäquate, optisch ähnlich anmutende Alternative. So könnten zum Beispiel Australien Shephard und Border Colli zwar äußerlich fast Geschwister sein, zudem sind beide auch sehr aktiv, doch haben sie trotzdem noch unterschiedliche Anlagen: Während der eine hart im Nehmen ist und gerne auch mal

Mit Wühltischwelpen wird viel Geld gemacht – auf Kosten der Tiere, die oft keine Überlebenschance haben

selbständig arbeitet, fällt der andere durch seinen ausgeprägten Jagd- und Hütetrieb auf. „Es ist mir sehr wichtig, dass Hunde artgerecht gehalten werden. Im Zweifelsfalle rate ich deshalb auch vom Hundekauf ab", sagt Kampmann ernst. Tierliebhabern, die sich aus Zeit- oder Geldgründen keinen eigenen Vierbeiner leisten können, rät sie einen gelegentlichen Gassiservice für Nachbarshunde oder im Tierheim anzubieten. Somit ist jedem geholfen.

## Tipp

Die Stiftung Bündnis Mensch & Tier listet auf ihrer Website Information über Kosten- und Zeitpläne für Hundehalter in München. Stiftung Bündnis Mensch & Tier, Dr. Carola Otterstedt, Luganoweg 15, 81475 München, Tel.: 089-37913761, Web: www.buendnis-mensch-und-tier.de

# Rita Kampmann warnt: Wühltischwelpen – Nein Danke!

„Kaufen Sie niemals einen Hund – sogenannte Wühltischwelpen – im Internet! Und schon gar nicht, weil Ihnen das Bild so gut gefallen hat; denn das gepflegte süße Fotomodell stammt sicherlich aus bestem Hause und ist mitnichten der mitleidserregende kleine Wurm, der Ihnen womöglich auf einem Parkplatz übergeben wird. Meist stammen die Internetwelpen aus den Ostblockländern wie Polen, Ungarn, Russland, Rumänien, Tschechien aber auch Italien. Sie haben bei diesen Junghunden keine Möglichkeit, den Züchter und seine Wurf- und Haltungsmethoden anzuschauen oder den Hund vorab ein paar Mal zu sehen. Das mag für Laien im ersten Moment nicht dramatisch klingen, ist es aber! In den ausländischen Zuchtanstalten herrscht oft übelste Tierquälerei. Vergleichbar mit den Legehennen aus Hühnerfabriken werden aktuell moderne Rassehündinnen als profitable Gebärmaschinen ausgenutzt. Sie werfen ihre Welpen unter unwürdigsten Umständen. Zudem trennen die illegalen, nur am Profit orientierten Züchter die süßen Fellnasen viel zu früh von ihren Müttern. Somit können bei den Welpen lebenswichtige Antikörper aus der Muttermilch nicht gefördert werden. Außerdem fehlt die bis zur circa zehnten Woche notwendige Sozialisation durch die Hundefamilie. Spätere Verhaltensauffälligkeiten sind also vorprogrammiert. Da die Vierbeiner zudem in der Regel in mangelhaften hygienischen Verhältnissen und überfüllten Zwingern oder Pappkartons leben, besteht eine große Gefahr von Krankheiten wie Parovirose und Staupe. Hinzu kommt, dass die Welpen nicht zur Grundimmunisierung geimpft, entwurmt oder gechipt werden. Falls eventuell doch Unterlagen vorhanden sind, ist es häufig so, dass es sich um gefälschte Papiere handelt. Nicht zuletzt reisen die wehrlosen Tiere massenhaft eingepfercht in illegalen Transporten in ihre neue Heimat. Ihre Überlebenschancen sind gering: Über die Hälfte dieser armseligen Geschöpfe sterben schon im Welpenalter! Bei Wühltischwelpen geht es nicht um ein langes Hundeleben, sondern um größtmöglichen Profit! Das können und wollen Sie sicher sich nicht unterstützen, oder?“ Rita Kampmann ist Tierpsychologin (ATN) und Hundetrainerin. Seit 2005 führt sie ihre eigene Hundeschule

## Die Arbeitsgemeinschaft Welpenhandel

Mittlerweile sind viele Tierschutzorganisationen gegen den Welpenhandel aktiv. Mehrere Vereine haben sich 2011 zur Arbeitsgemeinschaft Welpenhandel mit dem Ziel zusammengetan, in der breiten Öffentlichkeit als auch in der Politik auf das Problem des Welpenhandels aufmerksam und die drohenden Folgen bewusst zu machen. Mehr Infos unter: www.wuehltischwelpen.de

# Tierheim München

## Ein Hund aus dem Tierheim ist meist ganz normal!

Ob jung oder alt, groß oder klein, aus guten oder schwierigen Verhältnissen – im Tierheim trifft sich eine Hundeschar, die nicht allgemein über einen Kamm zu scheren ist. Und doch wollen alle nur eins: Ein liebevolles, neues zu Hause!

### Fehlkäufe landen im Tierheim

„Dieser Yorkshire Terrier ist erst zwei Jahre alt", Judith Brettmeister, Pressereferentin des Münchner Tierschutzvereins, deutet bei unserem Rundgang über das 5,8 Hektar große Gelände auf ein quirliges Wollknäuel im Rundtrakt des Hundehauses, „er wurde bei uns abgegeben, weil sein Frauchen schwanger war." Warum hat sie sich denn überhaupt einen Hund angeschafft, wenn ihr die Familienplanung wichtiger ist? Doch bevor ich meine Gedanken aussprechen kann, treffe ich auf ein Hundeschicksal nach dem anderen. Da gibt es den freiheitsliebenden Kangal, der als ausgewachsener Rüde für eine Münchener Stadtwohnung zu groß wurde, einen vier-

jährigen Rottweiler, mit dem eine vierköpfige Familie nicht mehr fertig wurde und einen erbärmlich aussehenden Weimeraner, dessen Herrchen seinen Kopf mit einer Axt malträtierte. Horror, was diese armen Hundeseelen alles an menschlicher Selbstherrlichkeit und so manchen Fehlentscheidungen aushalten mussten.

Die Gründe für die Abgabe eines Vierbeiners sind so vielfältig wie es Hunderassen gibt: So kann ein unverhoffter Umzug, eine plötzliche Allergie, Unfall, Krankheit oder ein neuer Beruf dem Tierhalter einen Strich durch die wohlüberlegte Zukunftsrechnung machen. Unverständlich sind Argumente wie keine Lust, Geld oder Zeit mehr für das Tier zu haben oder einfach überfordert zu sein. Manche Tiere werden aber auch aufgrund von schlechter Haltung beschlagnahmt, dem Besitzer wegen einer Haftstrafe weggenommen oder vom Zoll – da illegaler Tierhandel – sichergestellt. Andere Tiere wiederum sind Fundtiere. Die wohl gemeinste Methode ist es,

Das Tierheim in München Riem

sein Tier einfach auszusetzen und auf einen fürsorglichen Finder zu hoffen, der es ins Tierheim bringt.

## Welpen sind schnell vermittelt

Zum Glück bleiben die meisten Vierbeiner nicht allzu lange in der Massenobhut. „Am einfachsten ist es, Welpen zu vermitteln", erzählt Brettmeister, „die sind oft schon nach wenigen Tagen wieder weg." Die durchschnittliche Aufenthaltsdauer eines Hundes ist etwa vier Wochen, dann ist er wieder in einem neuen Zuhause. Pro Jahr vermittelt das Tierheim um die 2200 Hunde.

Wer sich für einen Hund aus dem Tierheim interessiert, dem bietet das Tierheim mittwochs bis sonntags von 13 bis 16 Uhr Be-

suchszeiten. Ist der passende Vierbeiner gefunden, wird eine Selbstauskunft ausgefüllt und ein Abgabevertrag geschlossen. Außerdem behält sich das Tierheim vor, das neue Zuhause anzuschauen. Das klingt im ersten Moment etwas bürokratisch, doch so können schon vorab eventuelle Fehlentscheidungen abgewehrt werden, und der Hund wird vor einer erneuten Rückgabe bewahrt. Je nach Größe und Rasse kostet ein treuer Gefährte aus dem Heim 175 bis 375 Euro. Ein Schnäppchen: Dies deckt meist nicht einmal die Kosten für Futter, Pflege und ärztliche Versorgung.

Die 70 Mitarbeiter des Tierheims – darunter Tierpfleger, Tierärzte und Verwaltungsangestellte – versuchen, ihren im Schnitt 700 Gästen pro Tag den Aufenthalt so

artgerecht und angenehm wie
möglich zu gestalten. Doch ist
das aufgrund der knappen Mittel nicht immer einfach: Bei einem Finanzbedarf von 5.000.000
Millionen Euro im Jahr bleiben
etwa 25 Euro pro Tag und Hund
übrig. Davon müssen tagtäglich
Futter, Pfleger, Tierärzte und
vieles mehr gezahlt werden. Die
Finanzkrise macht sich eben
auch im Tierschutz bemerkbar.
Wo früher noch hohe Geldspen-

Tierpflegerin Sofie Hörmann bei Spiel und Spaß im Tierheim

den winkten, ist heute ein großes Finanz-
loch entstanden. Deshalb ist das Tierheim
auch auf viel ehrenamtliche Unterstützung
angewiesen. Insgesamt 11.000 Mitglieder
hat der Verein. Aktiv kümmern sich etwa
fünfzehn Gassigeher zwanzig bis vierzig
Stunden die Woche um mehrere Hunde am
Tag. Wobei darauf geachtet wird, dass der
Hund immer den gleichen Ansprechpartner
bekommt. Die ehrenamtlichen Helfer nehmen ihre Aufgabe dankenswerter Weise so
ernst, dass sie bei Wind und Wetter regelmäßig erscheinen und sogar rechtzeitig Urlaub anmelden, so dass ein Ersatzgassige-
her gefunden werden kann.

Die durchschnittlich 142 Hunde des Hei-
mes haben einen geregelten Tagesablauf.
Sie sind immer mit den gleichen Spielka-
meraden zusammen und ihre dreizehn
Pfleger sorgen täglich für frisches Futter,
einen sauberen Zwinger und jede Menge
Streicheleinheiten.

## Gnadenhof in Kirchasch

Für den anfangs beschriebenen Weimeraner wird es wohl kaum mehr einen neuen

Besitzer geben. Er landet vermutlich eines Tages im Gnadenhof in Kirchasch bei
Erding. Seit 1989 leben hier knapp 300 meist
schwer vermittelbare oder ältere Hunde.
Das etwa 15.000 Quadratmeter große An-
wesen stammt aus einem Nachlass. Dank
der Spendenbereitschaft weiterer Tierfreunde haben die Hunde des Gnadenhofes sogar
größere Hundeboxen und Freilaufflächen
als im Tierheim selbst. Aber das ist eigentlich auch das Mindeste, was die armen, von
der Menschheit abge-

Die ehrenamtliche Gassigeherin Tanja Bau-
mann mit Rottweiler Massin

schobenen Tiere erwarten können. Obwohl die Hunde zum Teil aus Tötungsstationen kommen oder andere schlechte Erfahrungen hinter sich haben, entwickeln sie sich dank der fürsorglichen Pflege durch die vier festangestellten Mitarbeiter meist sehr positiv. Dementsprechend ist davon auszugehen, dass die Vermittlung an einen liebevollen, erfahrenen Tierfreund diesen Prozess verstärken könnte. Gnadenhof heißt also nicht zwingend Endstation.

Übrigens hat das Tierheim nicht nur die Aufnahme, Pflege, ärztliche Versorgung und Vermittlung von Haustieren zur Aufgabe, sondern kümmert sich auch um Wild- oder Nutztiere. So nahm es erst kürzlich 150 Hühner auf, die aus einer tierquälerischen Bodenhaltungs-Legebatterie stammen. Da die Legeleistung der Hühner nach einem halben Jahr nachlässt, rechnen sich die armen Hennen für den betreibenden Landwirt nicht mehr. Normalerweise würde er die Tiere töten. Das Tierheim und andere Tierschutzorganisationen haben sich aber dafür eingesetzt, dass ihnen der Landwirt die Tiere überlässt.

Die Gästeliste des Heims reicht von A wie Affe – darunter auch das berühmte Kapuzineräffchen Mally von Justin Bieber – bis Z wie Ziegen, die aufgrund schlechter Haltung ins Heim gekommen sind. Denn das Tierheim übernimmt auch kommunale Tierschutzaufgaben und unterstützt Tierschutzprojekte.

# Die Sache mit den Hunden in Süd-Osteuropa

## Der Tierschutzverein Bruno Pet e.V. rettet rumänische Straßenhunde

Am Anfang waren es berufliche Stopps von Karina Handwerker in der rumänischen Provinz, genauer in der 40.000-Seelen-Stadt Miercurea Ciuc, einer Stadt im östlichen Teil der Region Siebenbürgen, mitten im Ciuc-Becken zwischen dem vulkanischen Harghita-Gebirge und dem Ciuc-Gebirge. Zwar ist das nach hiesiger Meinung ziemlich „jwd" und klingt nach einem unberührten, friedlichen Landstrich, aber dort gibt es – wie überall in Rumänien – ein großes Problem mit Straßenhunden. Die rumänische Stiftung „Fundatia Pro Animalia" errichtete dort 2001 zwar ein Tierheim, aber die Auffangstation der Fundatia leidet - wie die meisten „Tierheime" Rumäniens - an extremer Überfüllung, finanzieller Not und einem Mangel an Personal. Tierschutz ist nach europäischen Maßstäben eine heikle Angelegenheit.

Karina Handwerker hatte damals, kurz nach der Jahrtausendwende, von diesen Problemen erfahren. Die Essenerin packte selbst mit an. Zwei Mal transportierte sie privat Hunde aus dem Tierheim nach Deutschland. Das war die Initialzündung, um sich dem Verein Freundeskreis Bruno Pet e. V. anzuschließen. Sie ist heute ein aktives Vorstandsmitglied des Vereins Freundeskreis Bruno Pet e.V. und hat selbst 2 Hunde aus dem Tierheim in Miercurea Ciuc, die sie nicht mehr missen will. Der Verein ist ein Beispiel dafür,

wie Tierschutzinteressierte zu Aktiven werden können und wie im Kleinen große Hilfen gegeben werden können. Der Verein sammelt Spenden, unterstützt das rumänische Tierheim, finanziert vor Ort Mitarbeiter des Tierheims, die sich vor allem um den Aufbau von sinnvollen Strukturen kümmern. Sinnvolle Strukturen aufbauen, so Karina Handwerker, heißt: die Tierarztpraxis des Tierheims bei Kastrationen wie auch Kastrationsaktionen des Tierärztepools (www.tieraerzte-pool.de) zu unterstützen. Das ändert die Lage nicht sofort, ist aber auf eine strukturelle Veränderung angelegt: Wenn sich die Tiere nicht mehr frei vermehren, wird irgendwann die Zahl der Straßenhunde abnehmen und die Notsituation des überfüllten Tierheims aufhören. Durch den Freundeskreis Bruno Pet e.V. werden aber auch Trockenfutter, Impfungen und Medikamente sowie das Markieren der Hunde finanziert.

Neuestes Projekt ist eine eigene Welpenstation, für die der Verein eine Mitarbeiterin finanziert. Die kümmert sich den ganzen Tag um die kleinsten Fellnasen, knuddelt sie auch mal und achtet auf die Ernährung. Mehr Welpen überleben seitdem, was gut ist – gleichzeitig aber auch den Druck vor Ort erhöht. Die Vermittlung der Tiere im In- und Ausland und die Aufklärung über Kastrationsaktionen, auch und vor allem für Hunde in privaten Haushalten in Mircurea

Straßenhunde werden in Rumänien systematisch getötet.

Ciuc, spielt deshalb eine ganz wichtige Rolle. Nur dadurch kann das überfüllte Tierheim dauerhaft entlastet werden.

Die Arbeit des Vereins findet derzeit vor einem dramatischem Hintergrund statt. Seit einiger Zeit herrscht in Rumänien ein kalter Wind im Tierschutz. Straßenhunde werden, aus verschiedenen Anlässen heraus, immer systematischer und grausamer getötet. Für den Tierschutz einzustehen ist da nicht ganz einfach. Eine Hilfsmaßnahme sind die Vermittlungen – auch nach Deutschland. Aber auch hier schlagen sich die Aktiven von Bruno Pet mit Querelen. Wer Tiere, auch Haustiere, in Europa transportieren will, braucht Unmengen an Papieren, das Okay der Veterinärärzte, muss Nachweise erbringen etc. Tierschutz in Europa wird hier zum Hürdenlauf und findet vor kulturell unterschiedlichen Hintergründen statt.

Doch Karina Handwerker und ihre Mitstreiterinnen sind sich einig, dass das Engagement lohnt. Viele hundert Tiere werden durch ihre Unterstützung jährlich kastriert das Tierheim in „ihrem" Ort hebt sich weit ab von den normalen rumänischen Tierheimen. Karina Handwerker meint: „Tierschutzarbeit in Europa sollte, wie jede andere Arbeit auch, daran gemessen werden, wie wirkungsvoll der geleistete Einsatz ist und wenn wir Europa als eine Gemeinschaft verstehen, dann sollte auch Hilfe und Unterstützung für diejenigen dazugehören, die sich am wenigsten wehren können und als bester Freund des Menschen unsere Hilfe mehr als verdient haben."

**Freundeskreis Bruno Pet e.V.**

Hessenring 20
64832 Babenhausen
Web: www.freundeskreis-bp.de

**Spendenkonto:**
Freundeskreis Bruno-Pet
Sparkasse Merzig-Wadern
BLZ: 59351040
Konto: 7105208

freundeskreis
brunopet

# Tieradoption aus dem Ausland – Was spricht dafür und was ist zu beachten?

## Atenea – Ein Kanarenwelpe auf dem Weg nach Bayern

Fred & Otto-Redakteurin Almut Otto brachte im Juni 2012 als sogenannte Hundepatin ein kleines Hundebaby von Teneriffa nach Deutschland. Nachfolgend berichtet sie, wie es dazu kam, welche Möglichkeiten es vor Ort gibt und was aus der Spanierin geworden ist.

Acción del Sol – Nomen est Omen! Idyllisch an der windigen Südküste Teneriffas gelegen lockt das modernste Tierheim Europas auf 10.000 Quadratmetern Fläche zum fröhlichen Herumtollen mit ausgeglichenen Vierbeinern. Fast könnte man meinen, dass die Hunde am besten für immer hier bleiben sollten. Schließlich gibt es eine heimeigene Tierarztpraxis, große Zwinger und vor allem einen wunderbaren Agility Platz. Doch die gerade einmal 150 Plätze werden dringend für Nachzügler gebraucht. Zwar hat sich mit der Errichtung des Tierheims im Jahre 2006 und damit einhergehender Kastrationen die Zahl streunender Hunde in den umliegenden Gemeinden Granadilla de Abona, San Miguel de Abona, Arona und Guía de Isora augenscheinlich verringert, doch gibt es auf der Sonneninsel in puncto Tierschutz noch genügend zu tun.

Tierheimleiterin Marion Köpke de González sorgt nicht nur dafür, dass ihre Hunde medizinisch versorgt und gechipt werden. Sie versucht auch, sie möglichst auf der Insel oder im Ausland in einem schönen neuen Zuhause unterzubringen. Doch wir wollten den Weg verkürzen: Die Tochter einer Freundin hatte sich während eines gemeinsamen Teneriffa-Urlaubs unsterblich in die drei Monate alte Atenea aus dem Acción del Sol verliebt. Atenea war vermutlich eine Mischung aus Galgo und Labrador, aber wer weiß das bei Findelkindern schon so genau. Riesenohren, große Pfoten und ein herzerweichend süßer Blick ließen alle Vernunft weichen: Aus dem wilden Kanarenwelpen sollte ein flottes Bayerndirndl werden. Trotz Liebe auf den ersten Blick war das Ansinnen wohlüberlegt. Zwar sollte eigentlich erst nach dem Urlaub eine Fellnase aus einem deutschen Heim adoptiert werden, doch Atenea und Sara hatten sich füreinander entschieden.

### Reisevorbereitung

Bevor wir den kleinen Wildfang mit nach Hause nehmen durften, dauerte es einige Zeit. Zu Recht meinen wir: Denn Deutschlands Tierheime sind voll von Spontankäufen aus dem In- und Ausland. Dementsprechend hielt sich auch die Begeisterung der

Atenea verlässt das Acción del Sol

Heimleitung bezüglich einer spontanen Adoption der jungen Dame zunächst in Grenzen. Schließlich warteten einige ältere Gefährten schon viel länger auf neue Besitzer. Nach ein paar Tagen Besuchs- und Bedenkzeit, längeren Telefonaten und Überzeugungsarbeit bei der Heimleitung und ärztlichem Check innerhalb des Heims durfte Sara Atenea endlich in Empfang nehmen. Der herzige Pfleger drückte und knuddelte die den Welpen noch einmal liebevoll. Ihm fiel der Abschied sichtlich schwer. Ein letztes Bussi vom Pfleger an den Hund und wir fuhren los. Vor Ort hatten wir noch die üblichen Reiseformalitäten zu erledigen, bevor es mit der kleinen Dame im Handgepäck nach Deutschland ging.

Die ersten Wochen im neuen Zuhause waren – wie bei allen Welpen üblich – extrem anstrengend: Atenea war noch nicht stubenrein und außerdem wollte das quirlige Mädel ständig beschäftigt werden. Sobald sie wach war, forderte sie ungeteilte Aufmerksamkeit. Das brachte das eingespielte Familienleben ziemlich durcheinander. Trotzdem: Die Liebe zum Tier wuchs unaufhörlich. Ein freudiges Schwanzwedeln, ein begeistertes Begrüßen beim Nachhause kommen, das unschuldige Spiel mit der Hauskatze – all diese positiven Dinge ließen den neuen Alltagsstress schnell vergessen.

Atenea entwickelte sich zu einem begeisterten Bergfex. Sie joggte für ihr Leben

gern und liebte den Schnee. Ob kleine Kinder, fremde Hunde oder Katzen – die Spanierin vertrug sich mit allen Lebewesen. Der Aufenthalt im Heim hatte ihrer sozialen Ader offensichtlich nicht geschadet. Sara war lange Zeit von ihrem Urlaubsmitbringsel rundum begeistert. Doch dann der Schock: Nach knapp einem Jahr in Deutschland musste Atenea aufgrund eines Hirntumors eingeschläfert werden. Das hätte überall passieren können. Und immerhin: Für einen kurze Zeit durfte die knuddelige Kanarendame ein glückliches Familienleben genießen.

Atenea in ihrem neuen Zuhause

## Sunnydays for Animals

Man muss nicht gleich einen Hund adoptieren, wenn man im Ausland etwas für den Tierschutz tun möchte. So sucht zum Beispiel Acción del Sol auch vorübergehende Pflegeplätze in Süddeutschland. Und der Verein Sunnydays for Animals e.V. freut sich unter anderem für Kastrationsspender im türkischen Ort Kuşadasi. Für nur 30 Euro werden Rüden und für 50 Euro Hundedamen in einer gepflegten Tierklinik nach dem „Neuter & Release"-Programm der Weltgesundheitsorganisation kastriert. Dies ist ein erster wichtiger Schritt, um Tierleid zu verhindern. „Leider kennen viel zu wenig Tierfreunde unsere Projekte", bedauert Daniela Seiferth, Teamleitung von Sunnydays München, „dabei können wir jede Form der Hilfe gebrauchen. Dazu zählt zum Beispiel auch die Mitnahme von Hilfsgütern – natürlich als Freigepäck – in die Türkei."

### Hier kann man helfen:

Das Tierheim in Teneriffa kann übrigens nur dank der Mitgliedsbeiträge so hervorragend geführt werden. Kostenpunkt: 4,50 Euro/Monat – Mitglieder erhalten vier Mal im Jahr die Zeitschrift „mensch und tier" – ein informatives Magazin mit vielen Themen rund um Haus- und Wildtiere.

**aktion tier – Tierheim Teneriffa,** „Acción del Sol", aktion tier - menschen für tiere e.V. Spiegelweg 7, 14057 Berlin, Tel.: 030-30111620, Fax: 030-301116214, Mail: berlin@aktiontier.org, Web: www.aktiontier.org

**Pflegeplätze für Auslandshunde:** Marion Gonzalez, Tel.: 0034-922 77 86 30, Mail: teneriffa@aktiontier.org.

**Sunnydays for Animals München,** Daniela Seiferth, Web: www.sunnydays-for-animals.de, Spendenkonto: Sunnydays for Animals e.V., Konto-Nr. 101 5200, BLZ 370 205 00

# Rassehunde – Warum einen Hund vom zertifizierten Züchter kaufen?

## Interview mit der Hundezüchterin Ulrike Weber

„Ich will doch keine Preise gewinnen oder Hunde züchten!", denkt sich der Laie, dem ein Hund vom Züchter angeboten wird. Zugegeben: Ein Hund mit Stammbaum kann ganz schön teuer sein. Bis zu 2000 Euro darf man da schon mal hinblättern. Doch wer gezielt eine bestimmte Rasse bevorzugt, sollte die Zuchtstätte seines zukünftigen Vierbeiners genauer unter die Lupe nehmen, sonst erlebt er am Ende böse Überraschungen. Wir sprachen mit Ulrike Weber, Hundepsychologin und Züchterin von Labrador Retrievern, Mitglied im Verband für das Deutsche Hundewesen (VDH), dem Fédération Cynologique Internationale (FCI), Labrador Club Deutschland (LCD e. V.), dem Deutschen Retriever Club (DRC e. V.), dem Labrador Retriever Club of Great Britain (LRC), Labrador Club of Scotland (LCoS) und den Midland Counties Labrador Retriever Club (MCLRC). Der Kennel „Fairfriends" der engagierten Züchterin besteht seit 2008 in Feldkirchen-Westerham.

*Warum empfehlen Sie, Hunde von einem Züchter zu kaufen?*

Jeder, der einen Welpen erwirbt, möchte einen schönen und gesunden Hund besitzen. Zwar gibt es bei Lebewesen keine Garantien, aber die Regeln der Zuchtvereine bringen dem Welpenkäufer doch ein größtmögliches Maß an Sicherheit in Bezug auf die Gesundheit des Welpen und auch sein rassetypisches Wesen und Aussehen. Voraussetzung ist – und dafür möchte ich den Begriff Züchter genauer definieren – dass der Züchter dem Verband für das Deutsche Hundewesen angeschlossen, also ein VDH-Züchter, ist.

Denn als Züchter kann sich eigentlich jeder bezeichnen, der – in welchem Umfang auch immer – Welpen in die Welt setzt und verkauft. Ich persönlich kann aber wirklich nur jedem empfehlen, Hunde von einem VDH-Züchter zu kaufen. Denn nur so ist sichergestellt, dass in der Zuchtstätte Mindeststandards in Bezug auf Zucht und Haltung der reinrassigen Hunde eingehalten werden. Der VDH gibt eine bestimmte Zuchtordnung vor und die dazugehörigen Rasseverbände formulieren darüber hinaus noch ihre eigenen – auf die Besonderheiten ihrer Rasse abgestimmten – Zuchtordnungen. Nur so ist garantiert, dass rassetypische Merkmale wie Wesen und Optik stimmen und nur gesunde Tiere miteinander ge-

paart werden. Und darum stelle ich oft gerne die Gegenfrage: Welchen Grund hat ein Züchter, sich diesen wichtigen neutralen Prüfungen in Bezug auf seine Zucht nicht zu stellen?

*Woran erkennt ein potenzieller Hunde-käufer einen guten Züchter?*

Ein wichtiger Hinweis für einen guten Züchter ist das Gesamtbild der Zucht-stätte. So sieht man auf den ersten Blick, ob sie sauber ist und wie die Welpen und erwachsenen Hunde gehalten werden. Wichtig für eine gute Sozialisation der Welpen ist übrigens der häusliche

Mutter und Kind

K o n - takt zur Züchterfamilie. Und eine über-schaubare Anzahl an mit im Haushalt le-benden Hunden bedeutet, dass es keine Massenzucht ist. Oder stellen Sie sich andersherum die Frage: Hält der Züchter die Hunde, weil er mit ihnen zusammen leben will und ihnen eng verbunden ist? Oder nur, um Welpen zu produzieren?

Ein guter Züchter interessiert sich für die neue Familie seiner Zöglinge und deren zukünftiges Leben. Auch steht er den Welpeninteressenten vor, während und nach dem Kauf für Fragen und bei Problemen zur Verfügung. So kann er Ih-nen zudem auch sicher erläutern, warum er eine bestimmte Anpaarung gemacht hat und welches Ziel er bezüglich Typ, Gesundheit und Wesen erreichen wollte.

Nicht alle Züchter gestalten ihre Zuchten gleich. Aber eine gehörige Portion Liebe zu seinen Hunden, zur Rasse allgemein und eine gewisse Passion beim Züchten sollten schon gut erkennbar sein.

*Wie kann ich die Echtheit der Papiere des Hundes überprüfen?*

Als Welpeninteressent sollte ich schauen, ob der Züchter, aus dessen Zuchtstätte ich einen Hund erwerben möchte, in ei-nem dem VDH angeschlossenen Rasse-club züchtet. Dementsprechend werden die Welpen mit Papieren (Ahnentafeln) von diesem Zuchtverband abgegeben. Der Züchter sollte Ihnen auch mindes-tens die VDH-zertifizierte Ahnentafel der Mutterhündin, wenn nicht sogar auch des Rüden, zeigen können.

Eine andere Möglichkeit Informationen über den Züchter zu erhalten ist der VDH. Dieser gibt Auskunft, ob die Zuchtstät-te einem assoziierten Zuchtverband un-terstellt ist und die Welpen von dort mit VDH-Papieren abgegeben werden. Übri-gens findet man auf den VDH-Vereins-webseiten hervorragend geführte Daten-banken, aus denen man Informationen über die Hunde erhalten kann.

Ulrike Weber mit einem ihrer Zöglinge

*Wühltischwelpen sind natürlich ein No-Go, aber was halten Sie von kleinen, nicht zertifizierten Privatzüchtern?*

Noch einmal zur Klärung: Bei den allermeisten Züchtern in einem anerkannten Zuchtverband handelt es sich ebenfalls um kleine Privatzüchter. Denn die Hundezucht wird in aller Regel als Hobby betrieben. Nur, dass deren Zuchthunde sehr gute gesundheitliche Untersuchungsergebnisse sowie von Rasse zu Rasse unterschiedliche Gentests und andere Prüfungen z. B. zum Wesen und Exterieur des zukünftigen Zuchthundes vorweisen können.

Dies können freie Hobbyzüchter nicht! Sicher gibt es auch in dieser Gruppe engagierte Menschen, die ihren Hunden gute Haltungsbedingungen bieten und ihre Welpen mit großer Fürsorge aufzie-

hen. Doch oft ist dies nicht der Fall. Da es keine Kontrollen, weder in Bezug auf die erwachsenen Hunde noch auf die Anzahl der Würfe einer Hündin, Anpaarungen in Bezug auf Gesundheit und Wesen der Rasse und auf die Welpen gibt, kauft man sozusagen die „Katze im Sack".

Übrigens wird Rassewelpen von Züchtern ohne Zertifikate oft der Zugang zu Trainingsgruppen oder Prüfungen verwehrt. Und welcher Neuhundebesitzer weiß schon, wohin ihn sein Weg mit dem kleinen Welpen später einmal führen wird?

### Verband für das Deutsche Hundewesen

Mehr Infos unter: www.vdh.de

# Gute und schlechte Hundehalter – oder wieso Menschen Hunde wollen

## Interview mit der Psychologin Dr. Silke Wechsung

Wir kennen alle die Geschichten von spontanen Hundekäufen. „Der war soooo süß!", heißt es dann – und nach Weihnachten schwappt wieder eine Welle von Tieren auf die Hilfsorganisationen und Tierheime zu, weil der süße kleine Hund doch nicht in den Alltag passte. Wir haben uns gefragt: Was motiviert Menschen eigentlich, Hunde zu besitzen? Welche Hundehaltertypen gibt es? Wir sprachen mit Dr. Silke Wechsung dazu, Mitarbeiterin in der Forschungsgruppe Psychologie der Mensch-Tier-Beziehung an der Universität Bonn.

*Was genau war der Anlass für Ihre Forschungen?*

Ich habe als Psychologin viele Jahre über zwischenmenschliche Beziehungen geforscht und dabei z. B. die Frage untersucht, wann Menschen in Beziehungen glücklich sind und was eine gute Partnerschaft ausmacht. Als Hundebesitzerin habe ich mir dann häufiger die Frage gestellt, was eigentlich eine gute Mensch-Hund-Beziehung ausmacht und wie man einen guten von einem schlechten Hundehalter unterscheiden kann. Und da bis dato keine wissenschaftlichen Untersuchungen zu diesem Thema vorlagen, habe ich an der

Universität Bonn ein Forschungsprojekt zu diesem Thema begonnen. In Bonn gab es durch Herrn Professor Bergler bereits eine langjährige Tradition, die Mensch-Tier-Psychologie intensiv zu erforschen. Meine Untersuchungen haben dann die schon vorliegenden Studien um ganz neue Erkenntnisse ergänzt.

*Wenn Sie für Otto-Normalverbraucher mal kurz zusammenfassen: Was sind die wichtigsten Ergebnisse?*

In unserem Forschungsprojekt haben wir herausgefunden, dass ausschließlich die Einstellungen und Verhaltensweisen von Hundehaltern darüber entscheiden, ob sich eine gute oder eine weniger gute Mensch-Hund-Beziehung entwickelt. Hundehalter, die sich wenig Gedanken über die Beziehung zu ihrem Hund machen – und das beginnt schon im Vorfeld der Anschaffung – die sich sowohl anderen Menschen als auch Tieren gegenüber egoistisch und verantwortungslos verhalten, werden es schwer haben, eine gute Beziehung zu ihrem Heimtier aufzubauen. Genauso aber auch Menschen, die ihren Hund mit Erwartungen überfrachten, als Kind- oder Partnerersatz missbrauchen und übertrieben glorifizieren.

Kinderersatz oder Sportmaschine? Menschen überfordern manchmal ihre Hunde

Neben den Anschaffungsmotiven und den Einstellungen des Halters spielen natürlich auch der alltägliche Umgang mit dem Hund und die Erziehung eine große Rolle. Völlig unwichtig ist wiederum die Halter-Demographie, d. h. ob der Halter beispielsweise auf dem Land oder in der Stadt wohnt, ob er einen Garten hat oder in einer kleinen Mietwohnung lebt, ob er berufstätig, männlich oder weiblich ist usw.

Ob Menschen und Hunde harmonisch und konfliktfrei zusammenleben und tatsächlich gut zueinanderpassen, liegt unserem Forschungsprojekt zufolge einzig in der Verantwortung der Hundebesitzer. Wie unsere Ergebnisse zeigen, hat sich jedoch knapp ein Viertel aller Hundehalter, d. h. über eine Million der Hundebesitzer in Deutschland, unzureichend mit der Spezies Hund und ihren arteigenen Bedürfnissen auseinandergesetzt.

*Sie haben ja verschiedene Typen von Hundehaltern ausgemacht. Was versteckt sich hinter so einer Typologie? Oder anders gefragt: Aus welcher Motivation wollen Menschen Hunde heute halten?*

Menschen unterscheiden sich darin, warum sie Hunde halten. Den Hundehalter gibt es nicht, ebenso wenig gleiche Motive, warum man sich einen Hund anschafft. So vielfältig wie die unterschiedlichen Hunderassen und deren Unterschiede in Größe, Aussehen und rassespezifischen Bedürfnissen, so verschieden sind inzwischen auch die Funktionen und die Beweggründe der Halter, sich einen Hund anzuschaffen. Hunde müssen heute meistens ganz unterschiedliche Funktionen erfüllen, vom Kindersatz und Sportobjekt bis hin zur lebenden Alarmanlage, da gibt es die unterschiedlichsten Spielarten. Auch wenn Hunde oftmals in der Lage sind, die vielseitigen Ansprüche ihrer Besitzer zu erfüllen, wird so mancher Vierbeiner mit

unerfüllbaren Erwartungen konfrontiert: „Sei gleichzeitig Wachhund, wenn es drauf ankommt, freue dich aber über jeden erwünschten Besucher". Das führt in der Konsequenz nicht selten zu Problemen in der Mensch-Hund-Beziehung.

Wir haben drei unterschiedliche Halter-Typen ermittelt, die sich grundlegend in ihren Anschaffungsmotiven, ihrem Lebensstil und ihrem Beziehungsverhalten unterscheiden. Das sind der „prestigeorientierte, vermenschlichende Hundehalter" (22 % aller Hundehalter), der „auf den Hund fixierte, emotional gebundene Hundehalter" (35 % der Hundehalter) und der „naturverbundene, soziale Hundehalter" (43 %).

Wie unsere Studien zeigen, passt es am besten, wenn Menschen Erwartungen an ihre Hunde stellen, die gut mit den Bedürfnissen von Hunden harmonieren. Seine Naturverbundenheit ausleben, viel draußen unterwegs sein, sich aktiv mit dem Hund zu beschäftigen und einen „tierischen" Partner zu gewinnen, der uns begleitet – das z. B. sind Motive zur Hundehaltung, die sich mit den artspezifischen Bedürfnissen von Hunden gut vereinbaren lassen.

Wird der Hund mit Ansprüchen konfrontiert, die sich nicht mit seinen eigenen Bedürfnissen und arttypischen Verhaltensweisen vereinbaren lassen, ist ein negativer Einfluss auf die Mensch-Hund-Beziehung unvermeidbar. Verhaltensprobleme beim Hund sind häufig die Folge nicht hundgerechter Forderungen seines Menschen.

*Ist Ihre Studie auch ein Plädoyer dafür, sich genauer Gedanken darüber zu machen, ob und welche Hunde angeschafft werden?*

Die Reflektion im Vorfeld entscheidet ganz maßgeblich darüber, ob Mensch und Hund später zusammen passen. Wie unsere Studien zeigen, ist für viele Menschen das Aussehen des Hundes ein ganz entscheidendes Auswahlkriterium. Hunde, die jedoch nur aufgrund ihres Aussehens und unabhängig von ihren rassespezifischen Bedürfnissen ausgewählt werden, werden meist nicht artgerecht gehalten und oftmals unter- oder überfordert. Diejenigen, die eine gute Mensch-Hund-Beziehung aufbauen, haben sich selbst zuvor genau geprüft und sich auch mit den verschiedenen Rassemerkmalen auseinander gesetzt. Spontankäufe sind absolut zu vermeiden. Schließlich lebt man mit einem Vierbeiner die nächsten 15 Jahre zusammen.

Schon bei der Auswahl des passenden Hundes suchen verantwortungsbewusste Hundehalter nach einem Hund, der von seinem Bewegungsdrang gut zu ihrer eigenen Konstitution passt. Ein guter Hundehalter, der sportlich sehr aktiv ist und mit seinem Hund wandern oder joggen gehen will, sucht sich entsprechend einen lauffreudigen, jungen und gesunden Hund aus. Ein guter Hundehalter, der weniger aktiv und eher unsportlich ist, wählt einen Hund aus, der aufgrund seiner rassebedingten Anlagen ebenfalls weniger Auslastung braucht oder aufgrund gesundheitlicher Einschränkungen nicht mehr extrem belastbar ist.

Bereits vor der Anschaffung eines Hundes zeigen sich deutliche Unterschiede im Verhalten der zukünftigen Hundehalter. Die einen entscheiden sich ganz spontan für einen Hund und machen sich im Vorfeld wenig Gedanken über ein Leben mit Hund. Andere überlegen sich manchmal sogar jahrelang, ob sie die Verantwortung für einen Hund tatsächlich langfristig übernehmen wollen. Sie kaufen einen Hund auch nicht irgendwo, sondern recherchieren, welcher Hund bzw. welche Hunderasse am besten zu ihren Ansprüchen und Vorstellungen passt. Solche Hundehalter prüfen auch den Hundezüchter bzw. Tiervermittler ganz genau, bevor sie dort einen Hund erwerben.

*Sie stellen Ihr Wissen ganz praktisch zur Verfügung. Das Ergebnis ist Ihr Mensch-Hund-Beziehungscheck. Was wird da gecheckt und wie hilft mir der Test?*

Wissenschaftliche Erkenntnisse sind dann gut, wenn sie sich auch in der Praxis anwenden lassen. Wir haben in der Forschungsstudie über 40 Faktoren bei Hundehaltern ermittelt, welche die Beziehungsqualität beeinflussen. Im Mensch-Hund-Check (www.mensch-hund-check.com) kann nun jeder interessierte Hundehalter testen, wie er sich im Vergleich zu den Hundehaltern verhält, die in unserer Untersuchung eine nachweislich gute Mensch-Hund-Beziehung aufgebaut haben. So kann jeder Teilnehmer erfahren, was in seiner Mensch-Hund-Beziehung bereits gut läuft und in welchen Bereichen möglicherweise Optimierungspotenziale bestehen.

Dr. Silke Wechsung forscht über die Mensch-Hund-Beziehungen

## Mensch-Hund-Check

Den Check von Dr. Silke Wechsung finden Sie im Internet unter: www.mensch-hund-check.com

## Literaturtipp

Silke Wechsung, „Die Psychologie der Mensch-Hund-Beziehung – Dreamteam oder purer Egoismus?", Cadmos Verlag, 2010, www. cadmos.de. Auf 144 Seiten werden Themen wie die Mensch-Hund-Beziehung im zeitlichen Wandel, Erkenntnisse aus der psychologischen Beziehungsforschung, aber auch der aktuelle Forschungsstand zur Mensch-Hund-Beziehung sowie die Ergebnisse des Forschungsprojekts dargestellt

# Tierheimhelden!

## Ein Start-Up vernetzt die Tierheime und hilft bei der Vermittlung

Daniel Medding, einer der Gründer von www.tierheimhelden.de, ist sich sicher: Tiere aus Tierheimen sind alles andere als Vierbeiner 2. Klasse. Für ihn und seine Mitstreiter von www.tierheim-helden.de war klar, dass sie sich eine große Aufgabe vorgenommen hatten. Tiere aus dem Tierheim sollen erste Wahl für Tiersuchende werden. Deshalb vernetzt das soziale und gemeinnützige Projekt Tierheimhelden.de über seine Website bundesweit Tierheime und Tiersuchende und vereinfacht die Tiersuche damit erheblich. So ist die breitgefächerte Suche nach dem Wunschtier anhand detaillierter Eigenschaften genauso möglich wie der virtuelle Rundgang durch die digitalen Profile der Schützlinge in den Partnertierheimen. Tierheimhelden können außerdem durch direkte Spenden, Patenschaften oder einfach das Teilen der Tierprofile im sozialen Web helfen.

Die Tierheimhelden

## Tierheimhelden

Daniel Medding
Mobil: 0176/21140756
daniel@tierheimhelden.de
www.tierheimhelden.de

Unterstützen Sie Tierheimhelden durch ein „Gefällt mir" auf der Facebookseite:
www.facebook.com/tierheimhelden

# Die mit den Angsthunden arbeitet

## Daniela Hüther im Kurzinterview über die Adoption von Auslandshunden

*Wie kam es dazu, dass Sie sich auf Angst-*
*hunde spezialisiert haben. Gibt es tat-*
*sächlich so viele von denen?*

Ich hatte schon immer einen besonderen
Draht zu scheuen Angsthunden und sie
auch zu mir. Irgendwann war dann klar,
dass es da wohl die ein oder andere Fä-
higkeit im Umgang mit Hunden und vor
allem Angsthunden gibt, die man nicht
erlernen kann. Forciert habe ich meine Arbeit mit Angsthunden und Haltern
oder unvermittelbaren Angsthunden, als
ich feststellte, dass sie oft viel zu lange
in ihrer Angst sind und mit den richtigen
Hilfen für Halter und/oder Hund schon
längst ein schönes Leben haben könnten.

Ja es gibt viele. Viele aggressive Hunde
sind Angsthunde. Andere fallen nicht
auf, weil die Halter nur mit ihnen gehen,
wenn niemand unterwegs ist. Und auch
ein Hund, der liebevoll aufgezogen wurde, Rassehund oder Mix, kann zum unsicheren oder Angsthund werden, wenn
vor lauter Liebe die Bedürfnisse des Hun-

Daniela Hüther

des nicht beachtet
wurden. Auch Hunde, die nicht oder zu
selten frei laufen dürfen (Jagdtrieb oder
Verordnungen in Städten) und nur an
normaler Leine gehen, entwickeln ein

dünnes Nervenkostüm. Die einen fallen auf durch Gereiztheit/Aggression, die anderen durch Schreckhaftigkeit/Angst.

*Hunde aus Tötungsstationen aus Süd-europa sind nicht ganz einfach. Welches Verhalten zeigen diese Hunde typischer-weise, wenn man sie plötzlich in eine deutsche Großstadt verfrachtet?*

Auch in Süd- und Osteuropa gibt es Großstädte ;-). Schwierig wird es dann,

wenn es Angsthun-de sind, die abseits von der Zivilisati-on gelebt haben oder in der Zivilisation schlimme Erfahrungen gemacht haben. In Tötungsstationen sitzen Hunde mit ganz unterschiedlichen Verhaltenswei-sen. Je nachdem, welches Leben sie vor der Tötungsstation hatten, und je nach-dem, was sie in der Tötung erleben muss-ten, sind sie mehr oder weniger verstört. Leider werden die Hunde vor Vermitt-lung nicht immer richtig eingeschätzt, und hier sind die Halter dann nicht sel-

ten überfordert. Natürlich ist für einen unsicheren oder einen Angsthund eine Stadt die völlige Reizüberflutung. Und gerade traumatisierte oder nicht sozia-lisierte Hunde brauchen ruhigere Orte, um sich verändern zu können. Das Ver-halten eines Angsthundes geht von Ver-meidung bis Flucht. Wenn beides nicht gelingt, dann können die einen beißen zur Abwehr, andere gehen nach vorne, um gar nicht erst in die Abwehr zu kommen. Aber sehr viele trau-en sich gar nichts von all dem und verstecken sich oft Tage und Wo-chen in der Wohnung. Berührun-gen versetzen sie in Panik, ganz zu schweigen von Halsband, Ge-schirr, Leine und Spazierenge-hen, ohne flüchten zu können. Leider gelingt aufgrund man-gelnder und falscher Infor-mation der Halter sehr vielen Hunden die Flucht, oft mit töd-lichem Ausgang.

*Was sind die wichtigsten Dinge, die man einem adop-tierten Hund beibringen muss?*

Das kommt auf das Wesen, die Rasse/ Mischung und die Problematik des Hun-des an. Zwischen einem Windhund, ei-nem Schäferhund und einem Kangal lie-gen Lichtjahre bzgl. Bedürfnisse und den Wegen, ihnen etwas beizubringen. Mit den wenigsten kann man sofort auf ei-nen Hundeplatz gehen, sie und die Halter brauchen aber oft Hilfe. Deswegen auch meine Telefonberatung, damit sich nicht zu Beginn gut gemeinte Fehler einschlei-chen. Die vorsichtigen, ersten Leinenar-beiten für Hund und Halter gibt es hier bei mir in Lochhausen. Alle Hunde brauchen Regeln und Strukturen, aber welche und in welcher Dosierung hängt davon ab, wie sich der Hund nach seinem Umzug ins neue Heim verhält.

*Bleibt ein Angsthund am Ende immer ein Angsthund und kann die Vergangenheit eines Hundes nie gelöscht werden?*

Das kommt darauf an, wie intensiv und wie lange sich der Halter in der Vergangenheit des Hundes aufhält. Hunde leben im Hier und Jetzt und da brauchen sie jemanden, der MIT ihnen hier und jetzt durch Dick und Dünn geht und nicht bei jeder Regung des Angsthundes überlegt, was vorher alles war oder gewesen sein könnte. Dann ist der Hund nämlich hier und der Mensch dort. Und das funktioniert nicht. Angsthunde sind von einem anderen Stern. Wissen und sehr viel Einfühlungsvermögen in ihre Seele sind der Schlüssel zu ihnen. Manche bleiben immer vorsichtig, anderen merkt man bald nichts mehr an. Wichtig ist, dass sie nicht mehr flüchten wollen und Leichtigkeit in ihr Leben kommt.

47

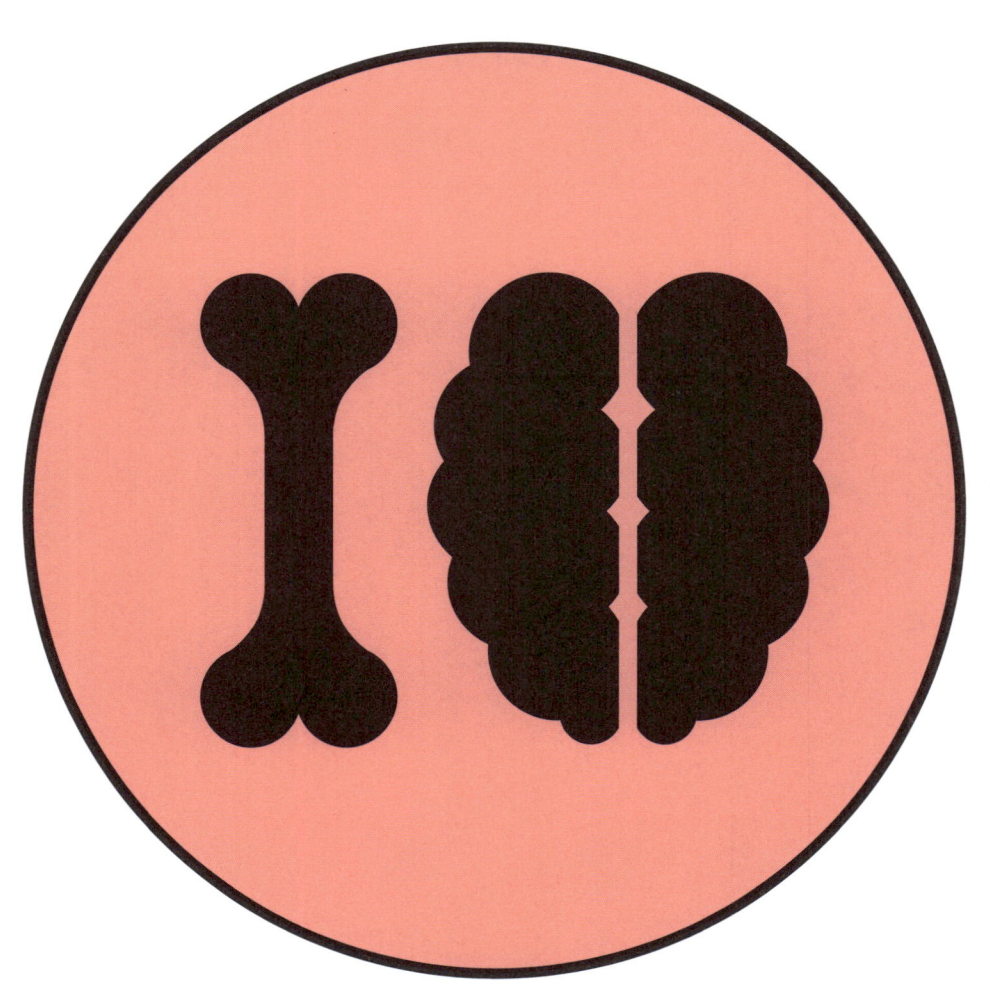

# Futter &
# Philosophie

Ob nass oder trocken, roh oder gekocht – wir haben uns auf dem Münchener Hundefuttermarkt umgehört und festgestellt: Neben finanziellen Aspekten ist die Hundefütterung vor allem auch ein Stück Lebensphilosophie. Ob möglichst artgerecht, in Lebensmittelqualität, pragmatisch praktisch oder alles drei zusammen: Der Hund frisst, was in den Napf kommt – und das entscheiden immer noch Sie! Für nachfolgendes Kapitel haben wir Ernährungsexperten interviewt, Münchener Hundefutterhersteller besucht, Dos und Don'ts recherchiert und uns mit Leckerli belohnt.

# Hundefutter - Reine Geschmackssache

## Gegessen wird, was in den Napf kommt

„Katzen würden Mäuse kaufen" – ist ein oft zitiertes Buch, wenn es um das Thema Heimtierfütterung geht. Doch Mäuse gibt es nicht im Supermarkt und der domestizierte Hund lebt auch schon seit langem nicht mehr vom frisch gerissenen Wild. Was also tun?

„Die Ernährung des Haushundes ist nicht mehr mit dem Futterbedarf des Wolfes zu vergleichen", erklärt Frau Prof. Dr. Ellen Kienzle, Fachtierärztin und Lehrstuhlinhaberin für Tierernährung und Diätetik der LMU München. Bedeutet dies nun das Aus für Barffreunde & Co.? Keinesfalls! Prinzipiell kann jeder Hundehalter füttern, was seinen Vorstellungen am nächsten kommt und eine bedarfsgerechte Nährstoffversorgung gewährleistet.

So auch Frischfleisch. Der Erfolg gibt den Barffanhängern recht: „Meine Labradordame hatte schon als Welpe Leishmaniose", erzählt Frau Leitl, Stammkundin beim Beutefuchs, Münchens erster Metzgerei für Hunde und Katzen. Mittlerweile ist die Hündin elf Jahre alt. Seit einem dreiviertel Jahr barft Frau Leitl. „Meine Tierärztin war ganz überrascht, dass die Titerwerte innerhalb von einem halben Jahr so extrem gesunken sind!"

Stephanie Fuchs, die Inhaberin von Beutefuchs weiß einige positive Beispiele zu berichten. Um eine ausgewogene Hundeernährung zu bieten, arbeitet die Ernährungsberaterin u. a. mit der ganzheitlichen Tierarztpraxis von Dr. Ziegler aus Salzburg zusammen. Die Kunden erhalten entweder individuell abgestimmte Futterrationen oder ganze Menüs – je nach Wunsch. Fuchs hat lange für ihren Laden gegen behördliche Mühlen ankämpfen müssen. Vor allem die Hygieneauflagen waren extrem. Anders als in einer normalen Metzgerei dürfen die Waren nicht offen angeboten werden. Alles muss einwandfrei vakuumiert werden. Stichprobenartige Lebensmittelkontrollen garantieren ihren Kunden die absolute Frischequalität.

Hygiene und Optik sind die meist genannten Gründe, warum Barfen nicht für jeden Hundebesitzer in Frage kommt. Birgitta Ornau, Geschäftsführerin und Gründerin von Terra Canis, einem Hersteller für artgerechtes Nassfutter aus München, hat früher für ihre Vierbeiner selbst gekocht. „Doch irgendwann war das alles nicht mehr mit Beruf und Freizeit zu vereinbaren", erläutert sie die Entstehungsgeschichte von Terra Canis. „Nachdem ich kein meinen Ansprüchen gerecht werdendes Futter auf dem Markt fand, gründete ich 2005 mein eigenes Unternehmen!" Auch Ornau arbeitet mit einem Fachmediziner zusammen. Das hochwertige Dosenfutter – es wird mit ei-

Barfen liegt im Trend

ner sanften Methode bei einer Münchener Traditionsmetzgerei zur Vollkonserve gegart – besteht ausschließlich aus Waren in Lebensmittelqualität. „Wir sind übrigens der einzige Tierfutterhersteller – und werden es aller Voraussicht nach auch bleiben – der in einer Humanmetzgerei produzieren darf", betont die junge Unternehmerin stolz.

## Mit Hundefutter ist Geld zu verdienen

Der Futtermittelmarkt boomt: In 2011 setzten Hundefutterhersteller über eine Milliarde Euro um (Quelle: IVH). Tendenz – steigend, immerhin gab es in 2011 auch 5,4 Millionen Hundehalter in Deutschland. Viele Trittbrettfahrer versuchen, in den aufstrebenden Futtermittelmarkt einzusteigen. „Es gibt Hersteller, die auf ihre Waren ‚Alleinfutter für Hunde' schreiben, ohne, dass sie wissen, welche Nährstoffe

enthalten sein sollten", warnt Frau Dr. Prof. Kienzle, „doch nur, wer mit spezialisierten Wissenschaftlern wie z. B. einem Fachtierarzt für Tierernährung zusammenarbeitet, verfügt über das notwendige Know-how, dass der Hund durch die dargebotene Nahrung auch tatsächlich bedarfsgerecht versorgt ist."

Ohne Fachkompetenz geht es also nicht. Darum rät sie auch vom Selberkochen ohne Ernährungsberatung ab. „Hier kann man einfach zu viel falsch machen!", weiß Kienzle und erläutert die komplizierte Formel für ausgewogene Napferlebnisse: „Der Energiebedarf eines Hundes setzt sich aus seiner Masse hoch 0,75 mal 0,4 Megajoule zusammen." Jetzt muss man nur noch die Energiewerte der jeweiligen Lebensmittel recherchieren, die wesentlichen Nährstoffe wie Proteine, Calcium, Vitamine, Phosphor etc. für eine gesunde Hundeernährung berücksichtigen und sie entsprechend nach Alter,

Aktivität, Krankheit etc. dosieren und schon hat unsere Fellnase sein perfektes Gourmetmenu. Alles klar! Zum Glück bieten viele Futterhersteller,

Birgitta Ornau testet ihre Produkte persönlich

Ernährungsexperten und auch die Uni München eine Ernährungsberatung an. So steht den tierischen Gaumenfreuden nichts im Wege.

## Trockenfutter ist der Renner

93 Prozent der deutschen Hunde werden – laut einer tierärztlichen Studie aus 2012 – mit Fertigfutter ernährt. Am häufigsten wird Trockennahrung verwandt. Trotz leichten Rückgangs wurden in 2011 damit immer noch 411 Millionen Euro umgesetzt. Doch warum ist es so beliebt? „Trockenfutter ist einfacher zu lagern, nicht so geruchsintensiv und praktisch für Reisen", erläutert Florian Waubke, Geschäftsführer und Gründungsmitglied des jungen Münchener Unternehmens Wildsterne, „aufgrund des Wasserentzugs können wir bei der Herstellung komplett auf Konservierungsstoffe verzichten." Die Besonderheit

des Wildsterne Futters liegt in seiner Machart: „Wir nutzen hauptsächlich frische Zutaten aus der Region in naturbelassener, getrockneter Form. So bleiben Vitamine und wichtige Nährstoffe in den Flocken und Gemüsen viel besser erhalten", so der Münchener, „außerdem passen wir das Futter individuell – je nach Alter, Gewicht, Aktivitätslevel usw. – auf die Bedarfswerte des Hundes an." Da die Ware zudem sofort ausgeliefert wird, kann das Unternehmen auch mit frischen Ölen arbeiten. Wichtig ist, bei der Fütterung von Trockenfutter auf ausreichend Wasserzufuhr zu achten.

## Fleisch ist Hauptnahrungsquelle für einen Hund

Alle Hundenahrungsexperten sehen Fleisch als Hauptnahrungsquelle für einen Hund, denn dieser ist schließlich ein „Karnivor-omnivor", eine Mischung aus Fleisch- und Allesfresser.

„Prinzipiell ist übrigens – sofern das Tier genügend Eier und Milchprodukte erhält – gegen eine vegetarische Ernährung beim adulten Hund nichts einzuwenden", erklärt Prof. Dr. Kienzle, doch warnt sie gleich: „keinesfalls in Ordnung ist die vegane Ernährung von tragenden oder säugenden Hündinnen oder von Welpen!" Dies käme einem privaten und nicht genehmigten Tierversuch gleich.

Von veganer Hundeernährung hält die Fachmedizinerin aus ernährungswissenschaftlicher Sicht rein gar nichts! „Wer meint, nur mit Veganern zusammenleben zu können, sollte sich lieber ein Kaninchen anschaffen!", verdeutlicht sie ihre Haltung.

Lola mag Trockenfutter

Das Thema Hundenahrung könnte man jetzt noch weiter vertiefen: Bio, Stärke, Getreide, K3-Material und einige Punkte mehr bieten in der Futtermittelherstellung reichlich Diskussionspotenzial. Doch würde eine Auflistung der Problematik an dieser Stelle zu weit führen. Nach all den Möglichkeiten bleibt dem Hundebesitzer die Qual der Wahl. Ob Heimtiergeschäft, Supermarkt, Drogerie, Bauhaus oder Internet – überall steht eine Riesenauswahl an Hundemenüs zur Verfügung. So mag der Geldbeutel einen Teil der Entscheidung abnehmen, zumal Trockenfutter meist günstiger ist. Ein weiteres Auswahlkriterium sollte ein Blick auf das Kleingedruckte sein: Bei einem hochwertigen Futter werden alle Inhalts- und Zusatzstoffe transparent auf der Verpackung gelistet. Zwar sind die detaillierten Infos anfangs etwas verwirrend, doch der Hersteller ist dazu verpflichtet, seine Kontaktdaten auf der Verpackung zu hinterlegen. Wer Fragen zur Qualität des Produktes hat, sollte persönlich nachhaken. Das Maß an Auskunftsbereitschaft ist ein guter Indikator, um in der Futtermittelindustrie die Spreu vom Weizen zu trennen.

## Mehr Infos

Lehrstuhl für Tierernährung, Schönleutnerstraße 8, 85764 Oberschleißheim, Tel. 089-218078780, Web: www.ernaehrung.vetmed.uni-muenchen.de

BeuteFuchs, Käpflstraße 11a, 80689 München, Tel.: 089-37961555, Web: www.beutefuchs.de

Terra Canis GmbH, Bismarckstrasse 2, 80803 München, Tel. 089-10119500, Web: www.terracanis.de

Wildsterne GmbH, Oberweg 6, 82008 Unterhaching, Tel.: 089-201878477, Mail: service@wildsterne.de, Web: www.wildsterne.de

## Tipp

Futternapfhöhe der Größe des Hundes anpassen, da bei großen Hunden durch das Vornüberbeugen eine Magendrehung begünstigt wird. Regelmäßiges Ausspülen des Napfes – ohne Spülmittel – nicht vergessen!

# Was soll wann, wie, wie oft und in welcher Menge gefüttert werden?

## Grundsatzfragen an Frau Prof. Dr. Ellen Kienzle, Fachtierärztin und Lehrstuhlinhaberin für Tierernährung und Diätetik der LMU München

*Unter Hundebesitzern wird oft die Frage diskutiert, wie oft am Tag gefüttert werden soll. Was raten Sie?*

Das würde ich so pauschal gar nicht beantworten. Die Fütterungsfrequenz hängt vor allem vom Hund selber ab. Wenn er zum Beispiel einen empfindlichen Magen hat, würde ich mehrere Portionen am Tag füttern. Bei einem übergewichtigen Hund geht es darum, die Futterration im Auge zu behalten. Dies schafft man am besten durch einmalige Fütterung am Tag.

*Früher lief der Hase dem Wolf auch nicht um Punkt Sieben Uhr vor die Nase – wie denken Sie über die pünktliche Fütterung?*

Pünktliche Fütterung hat vor allem einen psychologischen Effekt: Der Hund giert nicht ständig nach Fressen, sondern wartet, bis seine Fütterungszeit gekommen ist. Das erleichtert das Zusammenleben mit dem Vierbeiner um einiges.

*Manche Tierärzte raten – vor allem bei übergewichtigen Stadthunden – zu einem wöchentlichen Fastentag. Ist das angebracht?*

Gegenfrage: Kennen Sie einen Menschen, der nach einer Diät jemals dauerhaft sein Gewicht halten konnte? Lieber empfehle ich die tägliche Konsequenz in der Futterration. Es ist lange bekannt, dass Gewicht des Hundes und Gewicht des Hundebesitzers korrelieren: Schlanke Menschen haben häufiger schlanke Hunde, übergewichtige Menschen haben häufiger dickere Hunde.

*Die richtige Ernährung hat einen wesentlichen Einfluss auf die Gesundheit – welche Besonderheiten sind zu beachten?*

Welpen, Senioren, aktive Hunde, Allergiker oder kranke Hunde brauchen unterschiedliche Futterzusammensetzungen. Hier sollten Sie sich unbedingt bezüglich einer richtigen Dosierung von einem Fachtiermediziner für Ernährung beraten lassen.

*Abwechslungsreich oder monoton – wie sieht Ihre Fütterungsempfehlung aus?*

Vor allem, wenn ein Hund zu Allergien neigt, ist es besser, immer die gleiche Eiweißquelle – also eine Fleischsorte – zu füttern. Sollte er irgendwann auch dagegen allergisch werden, steigen Sie auf ein Fleisch um, mit der der Hund noch keinen Kontakt hatte.

*Lauwarm oder kalt – welche Fütterungsmethode empfehlen Sie?*

Auf keinen Fall das Futter direkt aus dem Kühlschrank verfüttern. Hunde mögen übrigens leicht angewärmte Nahrung lieber, da sie besser riecht.

*Was halten Sie von frischen oder gekochten Knochen für Hunde?*

Wir raten grundsätzlich von der Knochenfütterung ab: Nicht nur, dass Splitter Magen und Darm zerstören können und es eventuell einen zementartigen Kot gibt, zu große Knochenstücke können auch zum lebensbedrohenden Darmverschluss führen.

*Was darf ein Hund gar nicht fressen?*

Weintrauben, Rosinen, Avocado, Zwiebeln, zu viel Knoblauch, Bärlauch, Schokolade und natürlich Alkohol!

*Last but not least: Der Umsatz für Leckerli stieg 2011 um 5,1 Prozent – was sagen Sie dazu?*

Leckerli sollten bei Hunden wohldosiert eingesetzt und vom normalen Futter abgezogen werden. Und: Statt Zahnputzhäppchen ist das traditionelle Zähneputzen viel effektiver!

Prof. Dr. Ellen Kienzle, Fachtierärztin und Lehrstuhlinhaberin für Tierernährung und Diätetik der LMU München

## Literaturtipp

Hundefütterung ist eine Wissenschaft für sich. Kein Wunder, dass auch viele Binsenweisheiten zu dem Thema die Runde machen. Wer sich umfassend und fundiert informieren möchte, kommt an diesem aktualisierten Standardwerk nicht vorbei:

Helmut Meyer; Jürgen Zentek: Ernährung des Hundes: Grundlagen – Fütterung – Diätetik. Enke Verlag, 2010

# Weniger Fleisch ist mehr

## Ein Tiernahrungshersteller will unsere Hunde zu „nachhaltigen" Konsumenten machen

Den meisten Hunden im Test hat Flexidog bisher sehr gut geschmeckt

Aus welchem Grund auch immer – die Zahl der Hundehalter, die sich selbst fleischlos ernähren oder zumindest öfter auf Fleisch verzichten, wird größer. Neben Vegetariern und Veganern gibt es immer mehr „Flexitarier". So nennt man Menschen, die auf Fleisch nicht ganz verzichten wollen, aber ihren Fleischkonsum nach dem Motto „Weniger, dafür besser" auf ein

Maß zurückfahren, das für die Umwelt und die eigene Gesundheit zuträglicher ist und auch ein Zeichen gegen die Auswüchse der Massentierhaltung setzen will.

### Erfolgreicher Futtertest

Aber der Hund? Begleitet er Herrchen oder Frauchen auf diesem Weg? Ein mittelständischer deutscher Tiernahrungshersteller will es Hundebesitzern jetzt erleichtern, ihre Lieblinge von einem nachhaltigeren Lebensstil zu überzeugen. Basierend auf wissenschaftlichen Erkenntnissen, die dem Hund bescheinigen, längst zum Allesfresser geworden zu sein, der pflanzliche Energie genauso gut verwerten kann wie tierische, entwickelte „Foodforplanet" mehrere Sorten Trockenfutter mit einem deutlich höheren Anteil pflanzlicher Nahrungsbestandteile. Das ganze Programm läuft unter der Marke „Green Petfood", die erste Produktserie nennt sich „Flexidog". So hat „Flexidog 85" nur 15 % tierische Anteile im Futter. Es soll sich für ausgewachsene Hunde der größeren Rassen als Alleinfuttermittel eignen. Ein Test mit über hundert Hunden hat gezeigt, dass die allermeisten Hunde das Futter nicht nur akzeptieren, sondern sehr gern fressen und gut vertragen. Die Ergebnisse der Testaktion sind auf der Website www.hundkeinwolf.de dokumentiert.

Wachsenden Hunden und kleineren agilen Rassen, die mehr Protein benötigen, wird „Flexidog70" angeboten, das zu 70 Prozent pflanzliche Nahrung enthält. Aber Klaus Wagner, der verantwortliche Produktmanager beim Hersteller von „Flexidog", will bei der Reduktion des Fleischanteils noch weitergehen. „Die Herstellung tierischer Nahrungsmittel ist aufwendig und in gewisser Weise auch ineffizient", so Wagner. Für eine Nahrungskalorie aus Fleisch muss ein Vielfaches an pflanzlichem Energieinput aufgewendet werden, darauf weisen Umweltverbände wie der WWF schon seit Jahren hin. Allmählich scheint das in den Köpfen anzukommen.

Als professioneller Tierernährer spricht sich Klaus Wagner für ein fleischärmeres Hundefutter aus

## Im Bund mit der Evolution

Evolutionär sind Mensch und Hund gut darauf vorbereitet, eine immer größer werdende Weltbevölkerung dauerhaft zu ernähren. Beide sind Allesfresser, der Mensch war es schon seit jeher, der Hund hat es in den letzten 20.000 Jahren in Gemeinschaft des Menschen gelernt. Hunde sind heute vom Wolf, von dem sie abstammen, in Bezug auf das Verdauungssystem, aber auch bei Hirnfunktionen und im Nervensystem durchaus verschieden. Zwar hält sich der Mythos vom Wolf im Hund so hartnäckig, wie es eine Zeitlang auch gängig war, vom Menschen als dem „nackten Affen" zu sprechen. Aber die Macher von „Flexidog" setzen darauf, dass es vor allem in städtischen Lebenswelten genügend Hundehalter gibt, die ein moderneres Bild vom Hund haben. Damit hat der

„Flexidog"-Hersteller anscheinend eine Zielgruppe im Auge, die Genuss, Gesundheit und Umwelt auch im täglichen Konsum unter einen Hut bringen möchte. Hundehalter, die dieser Zielgruppe angehören, kann man davon überzeugen, dass Trockenfutter allein schon wegen des Verpackungsaufwands eine bessere Ökobilanz hat als Nassfutter – wenn das angebotene Trockenfutter qualitativ hochwertig ist und die Inhaltsstoffe transparent sind. Gentechnikfrei ist ein Muss. Bei der Erklärung der Futterzusammensetzung, so die Erfahrung von Klaus Wagner, sind die „Flexidog"-Kunden besonders interessiert und kritisch. Deshalb bekommen sie mit der ersten Lieferung auch eine Broschüre zur Produkttransparenz an die Hand. „Alle paar Wochen nehmen wir in diese Liste weitere Punkte mit auf", berichtet Wagner, „um unsere Kunden auf dem Weg zur nachhaltigen Hundeernährung zu unterstützen".

# Herrmann's Manufaktur - Reinfleischdosen mit Biosiegel

## Perfekt für Ausschlussdiäten

Ob im Urlaub oder aus Zeitmangel – wer aus Überzeugung barft oder selber kocht braucht manchmal in puncto Hundefutter eine praktische Lösung. Genau hier greifen die Produkte der Firma Herrmann's aus Aßling bei München. Sie hat sich auf hochwertige Reinfleischdosen in Bioqualität spezialisiert. Doch auch für die tägliche Fütterung eignet sich das Ergänzungsfutter von Herrmann's perfekt. Wichtig ist, die notwendigen Kohlenhydrate, Gemüse und Nährstoffe entsprechend des Alters, der Konstitution und des Gesundheitsbefindens des Vierbeiners fachgerecht beizumischen. Eine Beratung bezüglich Inhalte und der Futtermenge ist also unerlässlich.

Die Reinfleischauswahl bei Herrmann's

Die Auswahl bei Herrmann's lässt Hunden das Wasser im Munde zusammenlaufen. Da gibt es Rindfleisch und Huhn aber auch seltene Sorten wie Ziege und Känguru für Allergiker. Insgesamt sechs unterschiedliche Geschmacksrichtungen hat das bayerische Unternehmen im Angebot. Zudem gibt es noch Gemüsedosen- und flocken sowie 17 Menüs, wenn's mal ganz schnell gehen soll.

### Alles aus der Region

Dabei achten die Unternehmensgründer Karin Nettinger-Herrmann und Erich Herrmann vor allem auf höchste Qualität ihres Sortiments. Vom Fleisch bis zum Gemüse kommt fast alles aus der Region. Voraussetzung für alle Lieferanten bei Herrmann's ist das Biosiegel.

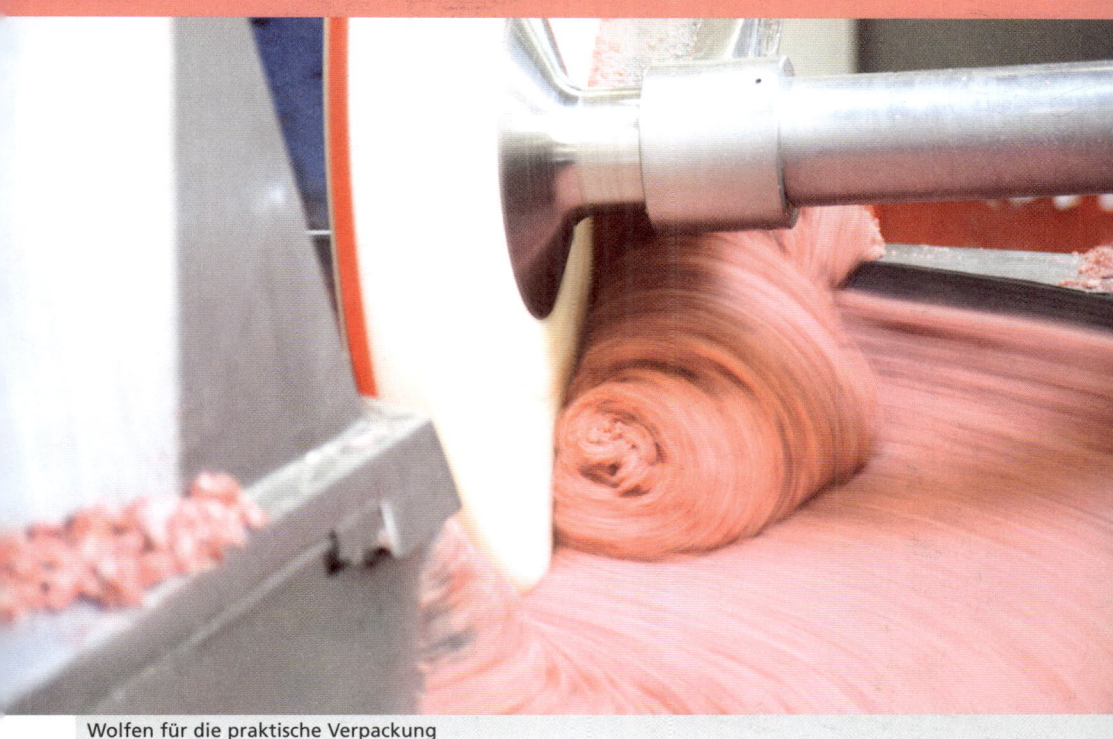
Wolfen für die praktische Verpackung

Dies bezeugt, dass Aufzucht, Haltung und auch Schlachtung der verarbeiteten Nutztiere nach ethischen Gesichtspunkten erfolgen. Zudem wurden die Schlachttiere nicht mit Hormonen behandelt oder Antibiotika vollgestopft. Bis zur Schlachtung sind – wenn überhaupt – nur kurze Wege zu überwinden, so dass die Tiere nicht in unnötigem Schlachtstress Hormone ausschütten. Somit ist für Herrmann's die Tierliebe nicht nur auf das eigene Tier beschränkt.

## International erfolgreich

Die Idee zur Produktion von Reinfleischdosen entstand übrigens im Jahre 2006 aus persönlichem Bedarf. Die Herrmanns nahmen immer wieder mal Hunde aus unterschiedlichsten Tierschutzorganisationen auf. Teilweise lebten bis zu zehn Tiere in ihrem Haushalt. Fast alle von ihnen waren krank und vertrugen die im herkömmlichen Handel erhältlichen Produkte nicht. So kochten die Pflegeeltern eine zeitlang für ihre felligen Sprösslinge selbst. Aufgrund der Anzahl der Tiere war das ziemlich aufwändig. Mangels zufriedenstellender Alternativen – denn die Herrmanns wollten auf Binde- und Kuttermittel, Knochenmehl, undeklarierte Nebenerzeugnisse, Geschmacksverstärker sowie den Zusatz von Phosphaten verzichten und ganz bewusst nur artgerecht gehaltene Nutztiere verwenden – entwickelte das kleine Team ihr mittlerweile international agierendes Unternehmen. Derzeit sind 21 Mitarbeiter beschäftigt.

## Wie in der Metzgerei

Um zu gewährleisten, dass nur die angegebenen Substanzen in den Dosen sind, hat

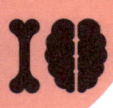

sich Herrmann's ganz bewusst für eine eigene Produktion entschieden, die übrigens das Siegel des Biokreises trägt. Sie ist wie eine Metzgerei eingerichtet – nur viel größer. Dank der speziellen Reinigungsmethode der Maschinen ist garantiert, dass die Dosen keine Fremdeiweiße enthalten. Ein wichtiger Punkt für alle Allergiker. Die Zutaten werden bei niedrigen Temperaturen verarbeitet, so dass ein niedriges Bakterienrisiko besteht. Das Fleisch wird gewolft und das frisch bezogene Gemüse grob gekuttert, so dass die einzelnen Bestandteile noch erkennbar sind. Zur Ausarbeitung der Rezepturen steht eine Fachtierärztin für Diätetik zur Seite. Herrmann's Produkte sind in ausgewählten Futtermittelshops oder per Internet erhältlich.

Abfüllen der Reinfleischdosen

## Biokreissiegel

Das Biokreissiegel entstand 1979 durch eine Gruppe engagierter Verbraucher, die sich gezielt mit den Themen „Gesunde Ernährung" und „Ökologischer Landbau" befassten. Ihre Idee: Landwirte sowie auch verarbeitende Betriebe zur ökologischen Arbeitsweise zu motivieren und sich in einem Verband zu organisieren. Durch den Fokus auf regionale Netzwerke, vertrauensvolle und verbindliche Marktpartnerschaft wird die Zusammenarbeit von Biobauern mit ökologischen Lebensmittelverarbeitern gestärkt. Die zugehörigen Betriebe werden jährlich kontrolliert und erhalten durch die Anerkennungskommission AKK – bestehend aus Biokreis-Landwirten, Verbrauchern und staatlichen Öko-Beratern – die Bestätigung für ihre anspruchsvolle ökologische Wirtschaftsweise. Nähere Infos gibt es unter www.biokreis.de

## Herrmann's Manufaktur

Weitere Infos gibt es unter www.herrmanns-manufaktur.com

Alles muss vakuumiert werden

# Beutefuchs – Die erste Hundemetzgerei Münchens

## Rohe Kost für den Wau

Barf – „bones and rawfood" oder frei übersetzt „biologisch artgerechte Rohfütterung" ist voll im Trend. Es gibt viele Vorurteile und doch immer mehr Anhänger. Der Grund: Wer roh füttert und dabei die für Hunde notwendigen Nähr- und Zusatzstoffe hinzufügt, weiß genau was sein vierbeiniger Liebling zu Fressen bekommt. Dank Ausschluss von Konservierungsmitteln, Füll-, Farb- und Zusatzstoffen können

somit Allergien und einigen Zivilisationskrankheiten vorbeugt werden. Denn Rohfleisch kommt einer artgerechten Ernährung des vom Wolf abstammenden Hundes am nächsten.

Doch keiner sollte ohne weiteres einfach Fleisch vom Metzger nebenan kaufen. Hunde brauchen auch und gerade bei Frischfleischfütterung eine genau auf ihre

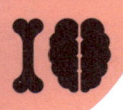

Bedürfnisse abgestimmte Ernährung. Essentielle Nährstoffe sowie hochwertige Öle sollten genauso vorhanden sein wie das tierische Protein und Calcium. Beutefuchs, die erste Hundemetzgerei in München, bietet hier ganzheitliche und umfassende Beratung an. Stephanie Fuchs, ausgebildete Ernährungsberaterin für

Münchens erster Hundemetzger

Hunde, arbeitet zudem mit den drei auf Ernährung spezialisierten Tierärztinnen Dr. Ziegler aus Salzburg, Dr. Tanja Samain und Dr. Nadja Dertinger aus München zusammen. Die Tierärztin und Verhaltenstherapeutin Dertinger arbeitet sogar direkt im Beutefuchs Laden. Gemeinsam werden die Bedarfswerte des Hundes anhand der physischen Gegebenheiten ermittelt und anschließend Mithilfe eines Futterplans errechnet. So wird auch auf die individuellen Bedürfnisse wie Stoffwechsel, Allergien, Krankheiten, Alter usw. genau eingegangen. Der Kunde erhält auf Wunsch entweder komplette Mahlzeiten oder Futter im Baukastensystem. Bei Beutefuchs gibt es die Waren gewolft oder in groben Stücken in 250 Gramm, 500 Gramm oder 1000 Gramm Packungen. Neben Fleischsorten wie Rind, Pansen, Blättermagen, Schaf, Lamm, Ziege, Hähnchen, Pute, Wild, Ente und Pferd bietet die Metzgerei zudem alles, was zur Erstellung von Rohfutterrationen benötigt wird. Dazu gehören Mineralstoffe und Spurenelemente, getrocknete Gemüse- und Kräutermischungen, Vitalpilze, hoch-

wertige Öle und vieles mehr. Natürlich hat die Metzgerei auch Leckerli wie getrocknetes Fleisch und Fisch sowie getreidefreie Flocken im Sortiment. Das Basispaket für eine Futterberatung inklusive Bedarfsanalyse, Wochenspeiseplan und Futtermittelliste ist für 49 Euro zu haben. Gegen einen kleinen Unkostenbeitrag von 10 Euro wird die Ware innerhalb Münchens sogar nach Hause geliefert.

## BeuteFuchs

Nähere Informationen und Termine gibt es persönlich im Ladengeschäft, per Telefon oder per Mail. Beutefuchs, Käpflstraße 11a, Tel.: 089-37961555, Mail: info@beutefuchs. de, Web: www.beutefuchs.de

## Literaturtipps zum Barfen

Brigitte Rauth-Widmann, 1 x 1 der Rohfütterung: Hunde artgerecht ernähren mit BARF (gutes Einsteigerbuch), Kosmos Verlag, 2009; Martina Balzer, Mein Hund gesund durch Frischfütterung (für Fortgeschrittene), Müller Rüschlikon Verlag, 2013

# Homemade Dog Goodies aus Jeffos Backparadies

## Hundekekse sind als gelegentliche Beigabe auch mal erlaubt

Leckerli sind heute aus der Hundeerziehung kaum mehr wegzudenken. Warum Industrieprodukte nehmen, wenn es auch andere Möglichkeiten gibt? Doch nicht jeder mag getrocknete Klöten, Hasenohren oder Hühnerfüße füttern – deshalb haben wir uns in Jeff Simpsons Backstube umgesehen und sogar ein Hundekeksrezept mit heimgebracht.

Zugegeben: Hundekekse sind nicht das Nonplusultra der Hundefütterung, doch bieten sie – als hochwertiges Ergänzungsfutter – eine herrliche Abwechslung zu klassischen Leckerli. Und: Sie riechen um einiges besser. Das war auch der erste Eindruck, den wir von Jeffos Büroräumen hatten: Eine verlockende Duftwolke von frisch gebackenen Keksen strömte uns entgegen. Wäre es nicht ein regnerischer Märztag gewesen, hätten wir auf eine traditionelle Weihnachtsbäckerei getippt. Tatsächlich hat Jeff Simpson, der Gründer von Jeffo, seine ersten Backaufträge in klassischen Humanbäckereien erledigt. Doch diese Zeiten sind vorbei. Bei einem Volumen von 300 Kilogramm Keksen am Tag und mit vierzehn Mitarbeitern musste Simpson in eigene Büro- und Arbeitsräume ziehen.

### Erste Kreationen

„Mittlerweile sind wir sogar IFS-zertifiziert", erklärt uns der gebürtige Amerikaner stolz. Angefangen hat die Hundekeksidee eher als Verzweiflungstat. Tierfreund Simpson, der sich aus beruflichen Gründen früher nie einen eigenen Hund angeschafft hatte, nahm über's Wochenende gerne Hunde von Freunden in Pflege. So kam es, dass er eines Tages zwar einen Hund zu Besuch, aber keine Leckerli im Haus hatte. Als Sohn eines begnadeten Kochs und einer ebenso guten Köchin, entsann er sich seiner Wurzeln und backte kurzerhand seine ersten Hunde-Cookies, eine Erdnusskreation.

### Begeisterte Hunde

Der Pflegehund war begeistert – und die Hundebesitzerin noch viel mehr. Im Laufe der Zeit bestellten sie und ihre Freunde immer öfter die selbstgemachten Leckerli. In 2004 ging der ehemalige Computertechniker den ersten Schritt in Richtung Hundekeks

bäckerei. Er gründete eine GbR und backte in verschiedenen Bäckereien Münchens täglich eine große Auswahl an Hundecookies.

## Aus dem Hobby wurde ein Beruf

Snoopy liebt die gebackenen Lollys

Im Jahr 2007 war das Pensum auf diesem Wege nicht mehr zu schaffen. Mit viel Liebe zum Detail gründete Simpson in einer 250 Quadratmetergroßen Produktionsfläche bei Markt Schwaben seine exklusive Hundekeksbäckerei Jeffo. Besonders stolz ist der Hundekeksbäcker nicht nur auf seine im Jahr an die zehn selbstkreierten Rezepte, sondern auch auf die Ausstechmaschine mit außergewöhnlichen Formen in Knochenoptik oder mit Häschenumriss. Der Teig besteht aus Naturprodukten in Premium- und Bioqualität. Zucker, Salz, Fleischnebenprodukte oder künstliche Farb- oder Geschmacksstoffe werden nicht beigemischt. Da die Kekse sofort ausgeliefert werden, müssen auch keine Konservierungsstoffe hinein.

Von der ersten Idee bis zum marktreifen Produkt dauert es knapp zwei Jahre – schließlich dürfen nicht nur die befreundeten Hunde Test essen, sondern der Keks wird auch auf seine Mindesthaltbarkeit geprüft. Im Regal neben Simpsons Schreibtisch stehen jede Menge Kekspackungen mit niedlichen Hundenamen wie Lilly, Daisy oder Bunny. Lilly – ein glutenfreier Keks mit Geflügelleber – ist der Favorit unter den Hundekeksen, aber auch das teuerste Produkt aus der Bäckerei: 250 Gramm kosten 5,20 Euro. Jedem Hund, der an der Kreation der bunten Kekse in unterschiedlichen Geschmacksrichtungen, Größen und Formen mitgeholfen hat, wird eine eigene Cookiesorte gewidmet.

Die Kekse sollten ausschließlich als hochwertiges Ergänzungsfuttermittel zum Beispiel für besondere Belohnungen eingesetzt werden. Dank seiner harten Konsistenz sorgt das Gebäck zudem für eine gute Zahnreinigung.

## Weitere Informationen

gibt es unter www.jeffo.de.

## Rezepttipp von Jeff Simpson

250 g Weizenvollkornmehl, 100 g Haferflocken, 150 g Apfelmus (ungesüßt), 1 Ei (M), 1 EL Honig, 1 EL Pflanzenöl, löffelweise Milch oder Wasser, außerdem: Weizenvollkornmehl für die Arbeitsfläche

1. Den Backofen auf 180° (Umluft 160°) vorheizen. Ein Backblech mit Backpapier auslegen.

2. In einer großen Schüssel Weizenvollkornmehl und Haferflocken vermischen. Ei, Honig und Öl dazugeben und alles zwei Minuten mit den Knethaken des Handrührgerätes mischen. Bei Bedarf Wasser oder Milch löffelweise zugeben und weitere vier Minuten rühren, bis sich der Teig vom Schüsselrand löst.

3. Den Teig auf der bemehlten Arbeitsfläche mit den Händen weiterkneten, bis er nicht mehr klebt. Teig etwa 4 mm dick ausrollen und mit einer Gabel mehrmals einstechen. Plätzchen in Wunschform ausstechen und auf das Backblech legen. Die Teigreste wieder zu einer Kugel formen und erneut ausrollen.

4. Die Kekse im Ofen (Mitte) ca. 20-25 Minuten backen, bis sie leicht gebräunt sind und auf Fingerdruck nicht mehr nachgeben. Auf einem Kuchengitter völlig abkühlen lassen.

## Literaturtipp

Jeff Simpson, „Hunde-Cookies – Backen für Hunde"; Gräfe & Unzer Verlag, 2010

# Sitz & Platz

Hundeerziehung ist aus der Stadt nicht mehr wegzudenken. Doch was sind die Mindestanforderun-
gen an einen Hund, wie kann man ihn auch neben
der Erziehungsphase noch sinnvoll beschäftigen
und woran erkennt man gute Hundeschulen? Wir
haben uns verschiedene Angebote in München
angeschaut, mit Verbänden gesprochen und eine
Checkliste erstellt, wie man die Hundeschulspreu
vom Weizen trennt.

# 101 Strolche in der Stadt

## Teil I – Erziehung

Klar, der Hund in der Stadt sollte Straßenverkehr, Autos und Menschen kennen, mit anderen Hunden klarkommen, einen gewissen Grundgehorsam haben, damit keine Unfälle passieren und möglichst nicht alles vom Boden futtern. Doch wie lernt er das am besten? Kaum eine Hundeschule erzieht noch mit extremer Gewalt, da dies das Vertrauen zwischen Mensch und Tier zerstört. Positive Verstärkung gilt als das A&O der Hundeerziehung. Trotz dieser Einigkeit, gibt es dennoch die unterschiedlichsten Ansätze, den Welpen zu einem gesellschaftsfähigen Stadtwau zu erziehen.

### Mit Herz und Verstand

In der Welpenspielstunde bei der Hundeschule Freude am Hund geht es lustig zu. Die Hunde dürfen spielen, mit den anderen toben und durch bunte Tunnel laufen. Kleine Welpen sind mit den kleinen Welpen, große Welpen mit den großen Welpen in einer Gruppe. So herrscht perfekte Kräfteverteilung. „Wenn sich der Hundenachwuchs in dem Tumult nicht mehr wohl fühlt oder gar Angst hat, sollte der Besitzer deutlich seinen Schutz anbieten. An den Füßen der Hundeeltern – oder besser noch in einem gedachten Halbkreis vor ihnen –

ist Tabuzone für die anderen Tiere. Während der Welpenspielstunde sammeln die Hundebabys erste positive Erfahrungen für ihre Zukunft", erklärt Rita Kampmann, Inhaberin der Hundeschulen im Olympiapark und Pasing. Bei ihr gibt es weder Würge- oder Sprühhalsbänder noch eine Wurfkette. Sie setzt vor allem auf Bindung und Verständnis.

Nach circa 20 Minuten gibt es eine Verschnaufpause für die Tiere. Jetzt sind die Besitzer gefragt. Im großen Kreis – den Welpen sicher am Fuß abgelegt – stellen sie ihre Fragen aus dem Hundealltag. Wie man den Welpen an den Namen gewöhnt oder wann er endlich stubenrein wird und wie man das eventuell beschleunigen kann, wie lange man ihn allein lassen darf und ab wann und wie Befehle wie Sitz, Platz und Co. beigebracht werden können. Gerade Neuhundebesitzer haben Angst, etwas falsch zu machen. Die Tier- und inoffiziell auch Menschenpsychologin Kampmann macht Mut: „Das Wichtigste ist es, die Körpersprache und das Ausdrucksverhalten des Hundes lesen zu lernen, seine Bedürfnisse zu erkennen, klar mit ihm zu kommunizieren und, falls das Verhalten korrekturbedürftig ist, positive Verstärker

Anti-Fress-Training

einzusetzen. Welpen kann man hervorragend umlenken, wie kleine Kinder eben auch."

„Im Grunde genommen", so die Hundeexpertin, „sind sich Mensch und Tier gar nicht so unähnlich." Bei Fehlverhalten des Hundes rät sie den Besitzern, nach der Ursache zu forschen, statt ausschließlich das Symptom zu behandeln. Zerkaut zum Beispiel der Welpe die Schuhe von Frauchen, so standen sie erstens in verführerischer Reichweite des Hundes und zweitens hat dieser vermutlich ein erhöhtes Kaubedürfnis, das sicher durch ein adäquates Angebot umzulenken und zu befriedigen ist. Bei kleinen Kindern sichern die Eltern anfangs auch die Umgebung ab. Das Aufbauen von Bindung und vor allem Vertrauen in die Führungspersonen ist ein erster Schritt in Richtung innige Mensch-Hund-Beziehung. Wer dann noch, so das Motto der Hundeschule, mit Gefühl, Herz und Verstand erzieht, kann sich auf eine unvergessliche Freundschaft mit seinem Vierbeiner freuen.

## Teamworker

Auf einen guten Draht zum Hund setzt auch die Hundeschule Dog's Academy an den Isarauen. „Mir ist es nicht wichtig, ob der Hund rechts oder links läuft – dieses Prinzip gehört zur Polizei, wo der Revolver rechts sitzt und somit der Hund links gehen muss", antwortet Tierärztin Dr. Astrid Schubert auf die Frage, was ein Hund in der Stadt können muss, „solange der Vierbeiner salonfähig – also abrufbar, leinenführig und sozialverträglich – ist, hat er die Grundvoraussetzungen für das Stadtleben. Außerdem sollte er im hektischen Stadtver-

kehr ruhig bleiben und sich konzentrieren können." Die Tierärztin hat – so wie ihre Kollegin Leandra Sabass hat auch – ihren beruflichen Schwerpunkt in der Therapie von auffälligen Hunden. Damit der normale Welpe gar nicht erst zum Problemfall wird, legt die Dog's Academy besonders viel Wert auf gute Sozialisierung und Schulung der Besitzer. Deshalb übt die Hundeschule auch mit den fortgeschrittenen Vierbeinern das Halten am Randstein, geht zum hektischen Treiben an U- und S-Bahn, in die Nähe eines Kindergartens und auch zu Kühen, Schafen und Pferden. Im Sommer werden zudem gemeinsame Wasserspiele organisiert. So lernt der Hund möglichst viele neue Dinge kennen. Die Halter bekommen übrigens anfangs die Aufgabe, immer wieder mal in die Innenstadt zu gehen, damit die Kleinen auch Menschenmengen nicht als bedrohlich ansehen.

Die perfekte Dressur ist dabei nicht das erkorene Ziel. „Uns geht es darum, dass Hund und Besitzer zum Team werden", erklärt die Diplom-Biologin Leandra Sabass, „und das schaffen sie am besten, wenn der Mensch lernt, seinen Hund richtig zu lesen und ihn zu motivieren."

## Erziehung nach der Begleithundeausbildung

„Ich habe als Kind gesehen, wie der Dackel meines Onkels überfahren wurde, das hat mich geprägt", erzählt uns Astrid Cordova von der mobilen Hundeschule Cordova. Seitdem hat sie sich zum Ziel gesetzt, einen Hund so zu erziehen, dass sein Triebverhalten ins Gleichgewicht kommt und er dadurch eben nicht unüberlegt auf die

Verkehrserziehung in der Stadt

Straße rennt. Cordova setzt bei Stadt- und Landhunden vor allem auf die Grundlagen der VDH-Begleithundeausbildung, die sie auf das Alltagsleben adaptiert hat. Wichtig sind ihr, das sichere Aufwachsen und die richtige Handhabung der Welpen. Als lizensierte Prüferin für Blindenführhunde ist sie zudem Spezialistin im Unterrichten der sogenannten „intelligenten Arbeitsverweigerung", denn diese kann für Sehbehinderte lebensrettend sein. Und die Übungsstunde zeigt: Sogar die Hunde aus Cordovas Junghundeerziehung verweigern das Überqueren der Straße, wenn vom Besitzer kein klarer Befehl ausgeht und eine Gefahr lauern könnte. Einen Schritt weiter sind die Fellnasen der Meisterklasse Stufe eins: Sie lassen sogar – zwar mit einem schmachtenden Blick, aber immerhin – das

lecker duftende Wienerle links liegen. So ist die Gefahr, Opfer eines Giftköders zu werden, zumindest verringert.

Während viele Hundeschulen mit Körpersprache, Zeichen und Begriffen arbeiten – bedeutet die Kür der perfekten Begleithundeerziehung die alleinige Reaktion auf Rufzeichen.

„Voraussetzung für das Arbeiten mit dem Hund, ist dessen enge Beziehung und Vertrauen zum Besitzer, der Wille zur Unterordnung und Respekt vor den Menschen", so Cordova, „Wichtig bei der Hundeerziehung ist zudem, dass eine eventuelle Korrektur punktgenau – zum Beispiel per Leinenruck – erfolgt."

Doch das größere Problem – da sind sich alle Hundeschulen einig – ist das andere Ende der Leine. Ob nun der Hund zu sehr vermenschlicht wird, der Halter nicht mitdenkt oder gar per Handy komplett abgelenkt ist – all diese Fehlverhalten wirken sich negativ auf den Hund aus. Deshalb sind vor allem die Hundebesitzer gefragt: Für eine gute Beziehung zu ihrer Fellnase müssen sie selbst trainieren, die Hundesprache lernen und deutlich kommunizieren.

**Hundeschule Freude am Hund,** neben den Welpenspiel- und Erziehungskursen sowie Einzelunterricht bietet Kampmann unter anderem noch Spiel und Spaß, Agility, Nasenarbeit, Kindergarten- und Grundschulseminare sowie auch eine Hundetrainerausbildung an. – Inh. Rita Kampmann & Team, Trainingsgelände im Olympiapark, 80637 München, jetzt auch mit Zweigstelle in München/Pasing, Mobil: 0160-97715413, Mail: kontakt@freude-am-hund.info, Web: www.freude-am-hund.info, www.hundetrainerausbildung-muenchen.info

**Dog's Academy,** Hundeschule München, vom Welpenspiel bis zu Erziehungskursen, Spezialtraining für Problemfälle, Dogdancing, Nasentraining und Filmtricks bietet die Dog's Academy ein breites Hundeunterhaltungsprogramm an. – Dr. med. vet. Astrid Schubert, Diplom Biologin Leandra Sabaß, Trainingsgelände, Schönstraße 87, 81543 München, Tel.: 089-68093535, Fax: 089-68091779, Mail: info@dogs-academy.de, Web: dogs-academy.de

**Hundeschule Cordova,** hier geht es vom Welpenspiel über die Meisterklassen der VDH-Begleithundeausbildung bis hin zum Kombi-Kurs Begleithund und Rettungshund Eignung. – Inh. Astrid und Massimo Cordova, Trainingsgelände Schwabing am Englischen Garten (U-Bahn U6 Studentenstadt, nähe Osterwaldstraße 95) und in Moosach (auf dem Übungsgelände des Schäferhundevereins SV OG Moosach, Am Neubruch 13), Mobil: 0173-9891727, Tel.: 08452-7367897 (Anrufbeantworter), Mail: info@hundeschulecordova.de, Web: www.hundeschule-cordova.de

Junghunde – Toben in der Trainingspause

Welpenspiel – Kräfte messen

# 101 Strolche in der Stadt

## Teil II – Spiel und Spaß

Die Erziehungskurse sind eine Sache, doch manch ein Hundebesitzer möchte noch weiter mit seinem Hund arbeiten. Achtung: Weniger ist manchmal mehr! „Viele Hundebesitzer möchten am Anfang viel zu viel machen, weil Neues lernen viel mehr Spaß macht", warnt Leandra Sabaß von der Dog's Academy, „dabei sind die Kleinen schon mit den ganz normalen Dingen überfordert und dem Besitzer fehlt es im Alltag oft an der Konsequenz."

Trotzdem kann man natürlich schon ab dem fünften Monat mit einem Spezialtraining von Mobility bis hin zur Nasenarbeit anfangen. Schließlich mag es jeder Hund, wenn er – neben dem Gassigehen – noch eine andere schöne Aufgabe hat.

**Agility/Mobility** sind intensive Teamsportarten für Hund und Mensch. Hier geht es darum, einen Parcours mit verschiedenen Hindernissen wie Slalomstangen, Laufstegen, Tunnel Wippen etc. möglichst fehlerfrei zu durchlaufen. Auf Turnierbasis werden dabei eine Reihenfolge und die Zeit vorgegeben. Schön an diesem Hundesport ist die intensive Beschäftigung miteinander, die einerseits Spaß macht, zudem den Teamgeist und die Bindung fördert. Mobi-lity ist sozusagen die abgespeckte, gelenkschonende Variante von Agility. Anbieter z. B. www.freude-am-hund.info, www.dogs-academy.de u. v. m.

Bei der **Begleithundeausbildung** lernen Besitzer und Hund. Während sich der Mensch vor allem mit dem Thema Kynologie auseinandersetzen muss, lernt der Hund Grundgehorsam und sich im öffentlichen Raum (Straße/Menschen) richtig zu benehmen. Bei der Prüfung wird zudem ein Wesenstest gemacht. Die Begleithundeprüfung ist Voraussetzung für weitere Prüfungen und Wettkämpfe im Hundesport. Anbieter z. B. www.hundeschule-cordova.de

### Discdogging

macht Spaß und ist für fast jeden Hund ab circa eineinhalb Jahren geeignet. Üben kann man in jedem Park. Jedoch sollte nicht übertrieben werden: Zwei Trai-

ningseinheiten von je fünf Minuten reichen vollkommen aus. Wichtig sind ein ebener Untergrund und drei bis fünf nicht splitternde Frisbeescheiben ohne Weichmacher. Keine Billigscheiben verwenden! Am besten im Hundefachhandel beraten lassen. Kostenpunkt ab vier Euro pro Scheibe. Nähere Informationen und Übungsstunden unter www.gipfelhunde.de

**Dummytraining**, was früher für Jagdhunde gedacht war ist heute für jeden Hund eine interessante Freizeitbeschäftigung. Vor allem Retriever mögen die Apportierspiele. Anfangs wird mit nur einem Dummy geübt – später kommen auch mehr hinzu. Anbieter z. B. www.play-sit-stay.com, www.freude-am-hund.info

**Dogdancing** kann tatsächlich jeder Hund machen, doch sollten die Kunststücke auf seine Körperkonstitution angepasst sein. Beim Dogdancing geht es vor allem um Kunststücke nach einer bestimmten Choreografie mit Musikuntermalung. Der Hund wird durch feine Körpersignale und verbale Kommunikation

Dogdancing – so macht Hundetanzen Spaß

gelenkt. Anbieter z. B. www.dogs-academy.de, www.1fallfuer2.com, www.jad-dogs.de

**Gassigehen** ist eine schöne, entspannte Art mit dem Hund Zeit zu verbringen. Nicht jedes Tier braucht jederzeit Action – überfordern Sie Ihren Hund nicht! Und haben Sie vor allem kein schlechtes Gewissen, wenn der Ausflug in die Natur Ihre gemeinsame Hauptbeschäftigung ist! Schließlich kann Ihre Fellnase hier in aller Ruhe „Zeitung lesen".

Beim **Longieren** lernt der Hund auf Distanz den Befehlen seines Besitzers zu gehorchen. Durch den Einsatz der Körpersprache des Menschen führt der Hund an bestimmten Punkten des Longierkreises vorgegebene Übungen aus. Anbieter z. B. www.dogs-academy.de, www.wau-schlau.de

**Nasenarbeit – Mantrailing/Objektsuche/Fährtensuche:** Das Beste, was der Hund kann, ist riechen. Deshalb ist die Nasenarbeit für ihn eine der natürlichsten Beschäftigungen. Während beim Mantrailing eine bestimmte Person gesucht wird, orientiert sich der Hund bei der Fährtensuche vor allem an der Bodenverletzung.

Mantrailing und Fährtenarbeit

Auch wenn es einfach aussieht: Die Nasenarbeit ist für den Hund extrem anstrengend. Anbieter z. B. www.freude-am-hund.info, www.dogs-academy.de

**Obedience** ist die so genannte „hohe Schule der Unterordnung" ohne Zwang. Neben Fuß, Sitz und Platz kommen noch eine Reihe von weiteren Übungen wie Apportieren, Geruchsidentifikation und Positionswechsel aus Distanz hinzu. Anbieter z. B. www.hundeschule-lucky-dogs.de, www.petzis-buero.de, www.freude-am-hund.info

**Treibball** ist in lustiges Spiel für Mensch und Hund mit insgesamt acht Gymnastik-

bällen und einem Tor. Ziel für den Hund ist es, alle Bälle unter dem Kommando seines Besitzers ins Tor zu bringen. Teamwork und gute Grunderziehung sind Voraussetzung. Anbieter z. B. www.freude-am-hund.info

**Tricks:** Hundetricks machen Spaß und sind überall erlernbar. Wichtig ist, dass der Hund gerne mitmacht. Anbieter z. B. www.dogs-academy.de, www.1fallfuer2.com, www.freude-am-hund.info

**Was es sonst noch gibt:** Schul- und Lesehunde, Therapiehunde, Schlittenhunde, Rettungsstaffeln …

# „Ich zieh' dir die Schlappohren lang"

## Wie Verbände für Hundetraining die Erziehung modernisieren

Jeder kann eigentlich Hundetrainer sein. Das Berufsfeld ist offen für jeden, die Bezeichnung keinesfalls reserviert. Oder, wie es die bekannte Tierverhaltenstherapeutin Barbara Schöning vom BHV ausdrückt: „Jeder, der am Samstag Hund und Halter über die Wiese scheucht, darf sich Hundeausbilder nennen". Mehrere Verbände versuchen seit Jahren, das Berufsfeld zu professionalisieren. In Potsdam vereinbarten erst Anfang 2013 der Internationale Berufsver- band der Hundetrainer/innen e. V. (IBH), die Interessengemeinschaft Unabhängiger Hundeschulen e. V. (IG-Hundeschulen), der Berufsverband der Hundeerzieher und Verhaltensberater e. V. (BHV), die Akademie für Naturheilkunde AG (ATN), der Verband der Tierpsychologen und Tiertrainer e. V. (VDTT) sowie das TTEAM Gilde e. V. unter beratender Mitwirkung der Gesellschaft für Tierverhaltensmedizin und -therapie e. V. (GTVMT) eine bundesweit in dieser Form einmalige Kooperation. Ziel ist eine „Bündelung der Kräfte", um politischen Einfluss bei der Realisierung von Zertifizierungen und Anerkennungen geltend zu machen. Außerdem

soll verbandsübergreifend ein einheitlich hohes Qualifikationsniveau von Hundetrainern und Menschen, die mit Hunden arbeiten, erarbeitet werden. Die Haltung der Verbände ist ganz klar: Hunde zu haben, ist mehr als die bloße Unterbringung eines Vierbeiners. Der Hund ist Sozialpartner, was ein hohes Maß an Verantwortung für das Tier erfordert – sowohl die Unterbringung als auch den Umgang betreffend – so der BHV. Verantwortung, die sich nicht auf tägliche Gassi-Runden, das Aufstellen des Futternapfes oder den Besuch beim Tierarzt reduziert. Eine erfolgreiche, nachhaltige Mensch-Hund-Beziehung bedingt eine fundierte Sachkunde beim Halter und das Bestreben, sich im Umgang mit dem Vierbeiner zu schulen und erworbenes Wissen zu festigen – und das bekommt man in der Hundeschule.

### Fragwürdige Ausbildungsmethoden bedeuten eine Gefahr

Die Zahl der Hundeschulen und Hundetrainer in der Bundesrepublik Deutschland hat in den vergangenen 15 Jahren rasant zugenommen. Das ist zunächst erfreulich. Doch auf den zweiten Blick wird klar, dass es sich hier eben um eine Berufsgruppe handelt, für die es keine einheitlichen Ausbildungsstandards gibt. Mangelnde Qualifikation und fragwürdige, tierschutzwidrige Ausbildungsmethoden bedeuten eine Gefahr. Fehler in der Hundeerziehung und bei der Arbeit mit Hundehaltern verfestigen mitunter problematische Verhaltensmuster beim Hund oder sorgen für Konflikte. Und veraltete Ausbildungsmethoden führen nicht zum Ziel einer harmonisch intakten Mensch-Hund-Beziehung. Manchmal lehren Trainer immer noch Gehorsam durch Gewalt und Unterdrückung – Ideale, die bis in die 1980er-Jahre verbreitet waren. Es kann auch nicht nur darum gehen, einem Hund Grundgehorsam zu vermitteln oder durch nicht zeitgemäße Methoden Verhaltensweisen abzugewöhnen. Vielmehr müssen Mensch und Hund als Team funktionieren und sich als solches verstehen.

Außer Rand und Band? Hunde brauchen professionelle Erziehung

## Wie finde ich den richtigen Trainer?

Wer nun auf der Suche nach professionellen Trainern ist, kann sich an der Mitgliedschaft in einem Verband und der Liste von Fortbildungen des Trainers orientieren. Mitglied im BHV darf zum Beispiel nur sein, wer mindestens zweimal in zwei Jahren eine Fortbildungsveranstaltung besucht. Seit 2007 bietet die IHK Potsdam einen

IHK-Zertifikatslehrgang für Hundeerzieher und Verhaltensberater an, auch das wäre ein Qualitätsnachweis, nach dem man fragen kann. Alle Verbände bieten die eine oder andere Art von Zertifizierung. Einen

guten Ruf haben auch Trainer, die das CANIS-Studium absolviert haben. CANIS, eine private Schule des bekannten Hundetrainers Michael Grewe, bietet eine Hundetrainerausbildung, deren erfolgreicher Abschluss zu einer behördlich anerkannten Zertifizierung führt. Mittlerweile können solche Abschlüsse als Standard für Hundetrainer an- gesehen werden.

Berufsverband der Hundeerzieher und Verhaltensberater e. V. (BHV), Auf der Lind 3, 65529 Waldems-Esch, Tel.: 06192-9581136, Mail: info@hundeschulen.de Web: www.hundeschulen.de

Berufsverband zertifizierter Hundetrainer e. V., Jagdstraße 18, 90768 Fürth, Tel.: 0911-78088-28, Mail: info@bvz-hunde-trainer.de, Web: www.bvz-hundetrainer.de

CANIS - Zentrum für Kynologie, Im Wackenbach 2, 35687 Dillenburg-Niederscheld, Tel.: 02771-8009306, Fax: 02771-8010607, Mail: info@canis-kynos.de, Web: www.canis-kynos.de

# Checkliste

## Woran erkennt man eine gute Hundeschule?

### Der/die Hundetrainer/-in

kann eine qualifizierte Ausbildung im Bereich der Hundeerziehung/Verhaltensberatung, bevorzugt mit einem staatlich anerkannten Abschluss vorweisen (z. B. Tierarzt mit verhaltenstherapeutischer Zusatzausbildung, Hundefachwirt IHK oder Hundeerzieher und Verhaltensberater IHK, CANIS-Studium oder sonstige Zertifizierung eines größeren Verbandes).

Trainer/Hundeschulen sind Mitglied einer berufsständigen Vereinigung, bei der die Mitgliedschaft an den regelmäßigen Besuch von Fortbildungsveranstaltungen gebunden ist.

### In der Hundeschule

- richtet sich das Kursangebot nach den Bedürfnissen der Teilnehmer.

- erfolgt die Ausbildung der Hunde und ihrer Halter nach modernen, gewaltfreien Methoden und in einer angenehmen Atmosphäre für Menschen und Hunde,

- werden keine Erziehungsmethoden oder -hilfsmittel eingesetzt, die zu Schmerzen,

Schäden oder Leiden beim Hund führen. Nicht tiergerechte Hilfsmittel, wie Stromreizgeräte, Stachelhalsbänder, Zughalsbänder ohne Stopp sowie Erziehungsgeschirre mit Zugwirkung unter den Achseln werden nicht verwendet.

- wird, besonders bei Welpen- und Grunderziehungskursen, das Verhältnis von sechs Kursteilnehmern zu einem betreuenden Trainer, in der Regel nicht überschritten.

- wird generell in überschaubaren Gruppengrößen trainiert, so dass die Trainer sich adäquat mit den einzelnen Kursteilnehmern beschäftigen können.

- findet je nach Kursziel das Training nicht ausschließlich auf dem Hundeplatz, sondern auch im öffentlichen Bereich (Stadt, Hundeauslaufgebiet, Park ...) statt.

- gibt es bei individuellen Fragestellungen und Problemen, die im Rahmen des Gruppenunterrichts nicht bearbeitet werden können, ein Angebot für Einzeltraining oder Hausbesuche. Gegebenenfalls überweist die Trainerin/der Trainer die Teilnehmenden an spezialisierte Fachleute weiter. (Quelle: BHV)

83

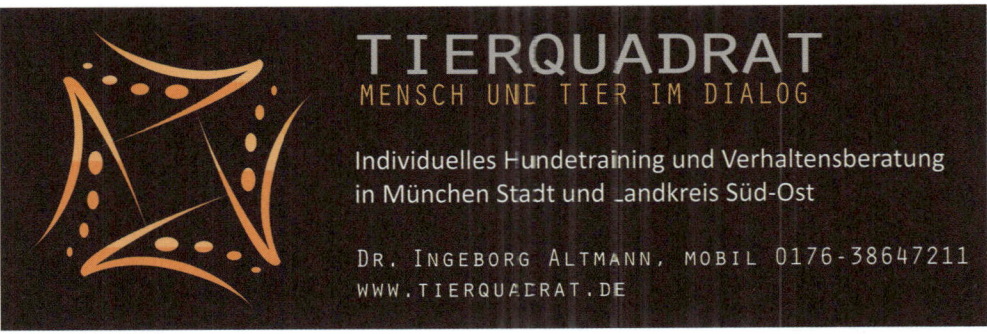

# Gassi & Co.

Ob Regen oder Sonnenschein: Hundebesitzer müssen bei jedem Wetter vor die Tür. Damit dies für Münchener Hunde ein abwechslungsreiches Vergnügen wird, haben wir Münchener Gassistellen besucht, Tipps für ein spannendes Hundeleben zusammengestellt und waren mit einer Dogwalkerin unterwegs. Zudem zeigen wir Methoden auf, um eventuelle Konflikte mit anderen Münchenern möglichst zu vermeiden. Zu guter Letzt beschäftigt sich dieses Kapitel mit dem Thema Mobilität und Sightseeing in München.

# Hundeauslaufgebiete und Ausflugsziele

## Ab ins Grüne!

München ist wahrlich ein Paradies für Stadthunde: Bei einer Größe von 310 Quadratkilometern kann die drittgrößte Stadt Deutschlands mit 1200 Grünflächen knapp elf Prozent Auslaufgebiete vorweisen! Außerdem herrscht in der Isarmetropole grundsätzlich keine Anleinpflicht. Und dass dies bei einer aktuellen Quote von ca. 45 Hunden pro 1000 Einwohner so bleibt, dafür ist jeder einzelne Hundebesitzer mitverantwortlich. Darum kann man nicht oft genug an ein vorausschauendes, rücksichtsvolles Verhalten appellieren. Immerhin gibt es 1.411.194 Mitbürger, die nicht ganz so viel Verständnis für bellende, ungezogene und übel riechende Häufchen hinterlassende Zamperl haben.

Nach dem Münchener Grünanlagengesetz, der STVo und dem MVV gelten ein paar – durchaus berechtigte – Einschränkungen für das Freilaufenlassen von Hunden: So sind auf Kinderspielplätzen, Spiel- und Liegewiesen sowie in Biotopen generell keine Hunde zugelassen. Außerdem müssen sie an den durch grüne Poller gekennzeichneten Flächen, an Kinderspielplätzen, in der Altstadt, in Naturschutz- und Jagdgebieten angeleint werden. Das gleiche gilt für den Straßenverkehr und im Bereich des MVV.

## Klare Regeln

Diese Regeln sollten für jeden Hundebesitzer selbstverständlich sein:

1. Hinterlassenschaften wegräumen,
2. Hunde anleinen, wenn es offiziell gefordert ist oder wenn eindeutig ängstliche Blicke von Müttern mit Kindern oder anderen Passanten zu erkennen sind
3. und fremden Hundebesitzern freundlich ein Tütchen in die Hand drücken, wenn dieser zufälligerweise die Exkremente seines Hundes übersieht.
4. In kritischen Situationen deeskalierend und konstruktiv handeln.

Die Kür ist es,
5. Hundehäufchen wegzuräumen, die nicht vom eigenen Wau stammen,
6. umsichtig bei vorsichtigen Passanten anzufragen, ob ihnen der angeleinte Hund im Moment mehr Sicherheit gibt
7. oder interessierten Kindern hilfreiche Tipps im Umgang mit fremden Hunden zu geben.

So können wir alle das Münchener Motto „Leben und leben lassen" ungestört genießen. In diesem Sinne: Viel Spaß beim Gassigehen!

# Eine kleine Auswahl an Hunde-auslaufplätzen in der Stadt

## An der Schlossmauer

Eines der beliebtesten Gebiete im Münchener Westen, da hier die Hunde – außerhalb der Mauer des Nymphenburger Schlossparks – uneingeschränkt auf den wilden Wiesen herumlaufen dürfen. Und diese sollten auch genutzt werden, denn auf dem Hauptweg fahren Radler und es sind Jogger unterwegs.

Anfahrt: S-Bahn Laim, Obermenzing; Bus Laim; Tram Amalienburgstraße; Parken in den kleinen Seitenstraßen rund um das Gebiet möglich

Leinenpflicht: Nein

## Denninger Anger

Der 20 Hektar große Park zieht sich durch die drei Stadtteile Bogenhausen, Denning und Zamdorf. Er bietet einige Wald-, Feld- und Wiesenflächen zum Rumtollen mit dem Fifi sowie einen kleinen See. Leider sind auch hier schon Stimmen gegen Hunde laut geworden.

Anfahrt: U-Bahn Richard-Strauß-Straße; Parken in den Straßen rund um den Park

Leinenpflicht: entsprechende Verbotszonen

## Englischer Garten

Das wohl bekannteste Hundeauslaufgebiet in München ist der Englische Garten. Es ist aber auch das umstrittenste. Denn hier treffen nicht nur eine geballte Ladung an vorbildlichen, manchmal auch eigenwilligen Hundebesitzern, sondern auch Reiter, Radler, Fußgänger, Mütter mit Kindern, Schafe und sogar Rehe zusammen. Um hier nicht unnötig für Zündstoff zu sorgen, ist Rücksicht angesagt. Isar und Schwabinger Bach laden zum Planschen ein.

Anfahrt: U-Bahn/Bus/Tram – alles ist mit verschiedenen Haltestellen südlich, westlich, nördlich, östlich des Gartens machbar; Parkmöglichkeiten gibt es mit viel Glück rund um den Englischen Garten und bei den Biergärten.

Leinenpflicht: prinzipiell ja

## Hirschgarten

Eher etwas für den kleinen Freiheitsausflug zwischen zwei Maß Bier des Hundebesitzers ist der Hirschgarten zu empfehlen. Immerhin gibt es eingezäunte Hundewiesen mit Bänken fürs Herrchen bzw. Frauchen und Mülleimern für die Hundetüten. Ansonsten herrscht in dem Park Anleinpflicht – macht aber auch angesichts des Wildtiergeheges Sinn.

Anfahrt: S-Bahn/Bus bis Laim oder Hirschgarten, Tram Steubenplatz; Parken zum Beispiel am Biergarten

## Isarauen, Flaucher, Rosengarten, Frühlingsanlagen

Ein perfekter Ort für lange Spaziergänge in der Natur – hier geht's vom Tierpark fast

übergangslos bis zum Englischen Garten im Norden oder Richtung Maria Einsiedel, Hinterbühler See, Großhesselohe gen Süden. Ein Favorit unter den Münchener Hundebesitzern. Planschen in der teilweise strömungsstarken (!) Isar – für Besitzer und Zamperl – oder im Bach an der Baumschule inklusive.

Freies Sozialisationstraining im Hofgarten

Anfahrt: z. B. U-Bahn Candidplatz, Brudermühlstraße oder Tierpark; Parken ist in fast allen Straßen westlich und östlich der Isar möglich
Leinenpflicht: Nein

## Luitpoldpark

Eine 33 Hektar große, grüne Oase, 90 Linden und ein 37 Meter hoher, begrünter Schuttberg aus dem zweiten Weltkrieg sind heute die magischen Zahlen des 1911 zu Ehren des Prinzregenten Luitpolds erschaffenen Parks. Schwabinger Hundebesitzer treffen sich an der Grünfläche unterhalb der Rodelbahn zu einem ausgiebigen Ratsch und gehen später ins Bamberger Haus auf ein Feierabendmaß.
Anfahrt: Tram und U-Bahn Scheidplatz, Parken in der Belgradstraße oder am Bamberger Haus
Leinenpflicht: durch grüne Poller gekennzeichnet

## Neuhofener Park

Am westlichen Isarhochufer in Sendling lockt ein kleiner, 7,5 Hektar großer Park mit Grünflächen und Bäumen zu kurzen Verschnaufpausen für Ihren Vierbeiner. Der Rundpavillon am Nordende des Parks bietet einen schönen Blick über die Stadt.
Anfahrt: S-Bahn/U-Bahn/Bus Harras, S-Bahn/Bus Mittersendling; Parken an der Plinganser Straße
Leinenpflicht: Nein

## Olympiapark München

Hier ist zwar viel los, aber dafür gibt es auch jede Menge zu schnuppern. Um nicht ständig Radlern, Joggern, Spaziergängern, Inlineskatern etc. ausweichen zu müssen, am besten die kleinen Trampelpfade des 850.000 Quadratmeter großen Parks nutzen.
Anfahrt: U-Bahn Olympiazentrum, Gern; Bus Eisstadion, Infanteriestraße; Tram Olympiapark West, Infanteriestraße; Parken rund um das Gelände z. B. in der Ackermannstraße möglich
Leinenpflicht: Nein

## Ostpark München

Dieser auf einer Fläche von 56 Hektar angelegte Park bietet durch seine hügelige Landschaft, weiten Grünflächen und bewachsenen Hänge einen großen Hundespielplatz im

ng

Münchener Osten. Achtung: Hundebaden ist im See verboten!
Anfahrt: U-Bahn Michaelibad, Quiddestraße; Parken z. B. in der Feichtstraße
Leinenpflicht: Nein

## Südpark/Sendlinger Wald

Dieser kleine Park ist für eine kurze Verschnaufpause geeignet. Es gibt einen Trimm-Dich-Pfad und man trifft sicher auf den einen oder anderen Hundehalter. Vor allem an Sommertagen ein schattiger Geheimtipp mit relativ wenig Betrieb.
Anfahrt: U-Bahn Machtlfinger Straße; Bus Südpark/Drygalski Allee; Parken z. B. Inninger Straße
Leinenpflicht: Nein

## Westpark

Zwar herrscht im gesamten Park Leinenpflicht – doch sollte dieses Kleinod im Münchener Westen nicht unerwähnt bleiben. Hier gibt es einiges zu sehen: Nepal Pagode und Chinesischer Garten buhlen um die Wette mit Kanadagänsen, Schwänen und weiteren Vogelarten, die hier ihre Jungen aufziehen. Das Wasser der Seen bitte mit Vorsicht genießen lassen.
Anfahrt: S-Bahn/U-Bahn Heimeranplatz, U-Bahn Westpark; Tram Stegener Weg; Parken in der Westendstraße oder Siegenburger Straße
Leinenpflicht: Ja

# Eine Auswahl von Hundeauslaufgebieten am Stadtrand

### Allacher Forst

Der knapp 150 Hektar große Allacher Forst bietet Hunden eine wunderbare Abwechslung. Besonderes Highlight: der glasklare Baggersee. Jagdhunde in dem Gebiet sicherheitshalber anleinen, da sich auch Rehe im Wald befinden.
Anfahrt: S-Bahn Karlsfeld, Parken in den Seitenstraßen rund um den Forst möglich
Leinenpflicht: Ja

### Angerlohe

Der kleine, beliebte Hundewald in Allach bietet abwechslungsreiche Wege. Zudem sind einige nette Hundebesitzer unterwegs. Da er mittlerweile zum Landschaftsschutzgebiet erklärt wurde sind Hunde – zumindest zu Brutzeiten der Bodenbrüter – anzuleinen.
Anfahrt: S2 Allach; Parken rund um den Waldrand
Leinenpflicht: aus Rücksicht zur Natur

### Aubinger Lohe

Hügel, Wald, Weiher, Bach und weite Felder sind das Kennzeichen des Landschaftsschutzgebiets der Aubinger Lohe. In dem im Sommer schön schattigen Wald sind auch Reiter, Radler und Jogger unterwegs.
Anfahrt: S-Bahn Lochhausen; Parken in den kleinen Straßen rund um die Aubinger Lohe möglich
Leinenpflicht: Ja

### Fasaneriesee

Der schöne, nicht überlaufene Badesee bietet Hundebesitzern auch im Sommer einen extra ausgewiesenen Hundebereich. Leider ist das Baden verboten.
Anfahrt: S-Bahn Feldmoching; Parken direkt am See Feldmochinger bzw. Lerchenauer Straße
Leinenpflicht: Ja

### Web- und App-Tipp

Wer sich mit Hundefreunden virtuell verbinden und zum Gassigehen verabreden will, für den ist www.snoopet.de sicher eine interessante Website. Snoopet bietet auch eine spezielle iPhone-App.

## Forstenrieder Park, Forst Kasten und Fürstenrieder Wald

Die geschichtsträchtigen Wälder des Landschaftsschutzgebiets gehen fast nahtlos ineinander über. Hier leben übrigens Wild, verschiedene Vogelarten und Insekten – aber es sind auch einige interessante Bauten der vergangenen Jahrhunderte zu bewundern.

Anfahrt: U-Bahn Großhadern, S-Bahn Buchenhain; Parken an den Waldrändern bei München, Pullach, Baierbrunn sowie Starnberger Landstraße

Leinenpflicht: Ja

## Landschaftspark Hachinger Tal

Erst seit 2001 gibt es diese renaturierte Grünfläche im Süden von München. Der ehemalige Fliegerhorst Neubiberg kann sich heute dank schönem Auwald, dem Hachinger Bach, einer Streuobstwiese und Schongebieten durchaus sehen lassen. Westlich der Autobahn bietet das Gebiet Erholung für Mensch und Hund. Östlich ist ein wiederbelebtes Naturschutzgebiet zu bewundern.

Anfahrt: S-Bahn Unterhaching/Neubiberg; Parken entlang der Straße Hachinger Haid

Leinenpflicht: im Naturschutzgebiet

## Pasinger Stadtpark bzw. Paul-Diehl-Park Gräfelfing

Der kleine Bruder des Englischen Gartens ist das perfekte Auslaufgebiet im Münchener Westen. Hier können sich die Vierbeiner genüsslich im Wald austoben sowie in der Würm und im Flutbecken des Kanals baden. Die meisten Wiesen des Stadtparks sind – zumindest offiziell, da grüne Poller – für Hunde verboten, wobei dies sehr entspannt gesehen wird. Im Paul-Diehl-Park gibt es bis auf den Bolzplatz keine Beschränkungen. Achtung: Je nach Jahreszeit können Strömungen das Planschen in der nicht immer sauberen Würm erschweren.

Anfahrt: S-Bahn, Regional-/Fernzüge und Busse bis Pasing bzw. S-Bahn bis Lochham; Tram bis Pasinger Marienplatz; Parken u. a. Am Wasserschloss und Am Wasserbogen

Leinenpflicht: grüne Poller im Stadtpark, keine Leinenpflicht im Paul-Diehl-Park

## Perlacher Forst München

Schöner, ruhiger Wald der im nördlichen Teil sogar Hundewiesen bietet. Am Säbener Platz sorgt eine Holztränke für kühles Nass für Zamperl und Besitzer.

Anfahrt: S-Bahn Furth, Fasanengarten; Tram/Bus Menterschweige; Parken z. B. an der Kugler Alm, Oberbiberger Straße, Säbener Platz oder westlich des Parks

Planschen dürfen Hunde im Sommer nur in Isar und Würm

## Sollner Wiesn

Die Sollner Wiesn ist der perfekte Ort für ausgedehnte Sonntagsspaziergänge. Ob Wiese und Feld, Wald oder Wildschweingehege – hier gibt es für Ihre Fellnase genug zu schnuppern. An der Pferdeklinik ist sogar eine kleine Wasserstelle geboten. Mit Reitern und Radlern ist zu rechnen.
Anfahrt: S-Bahn Pullach; Parken in den kleinen Seitenstraßen an der Wiese
Leinenpflicht: Nein

## Truderinger Wald

Im Truderinger Wald gibt es viel Spannendes zu sehen – Kiesgrube, Marienstatue u. ä. – doch sollten Besitzer und Hund immer schön auf den Pfaden bleiben. Wer viel Zeit mitbringt kann bis nach Keferloh laufen und einen Biergartenbesuch einplanen.
Anfahrt: S-Bahn Neuperlach Süd, Gronsdorf oder auch Vatterstetten, Haar; Parken z. B. Friedrich Panzer Weg oder in anderen Straßen rund um den Wald
Leinenpflicht: Ja, im Bereich Hochacker

## Hundebaden

ist in Münchener Badeseen während der Saison vom 15. Mai bis zum 15. September für Hunde grundsätzlich verboten. Rücksichtnahme nach dem Motto „Leben und leben lassen" ist angesagt!

# Hundefreundliches München:
# Biergartentipps und Gaststätten

In München gibt es kaum eine Gaststätte oder einen Biergarten, in die bzw. den das Zamperl nicht mitdarf. Wir stellen eine kleine Auswahl vor:

Bamberger Haus Restaurant „La Villa", Brunnerstraße 2, 80804 München, Tel.: 089-3088966, Web: www.restaurant-la-villa.de

Cafe Reitschule und Kytaro, Königinstraße 34, 80802 München, Tel.: 089-38887660, Web: www.cafe-reitschule.de

MilchHäusl, Königinstr. 6, 80539 München, Tel.: 089-517297 180, Web: www.milchhaeusl.de

Minihofbräuhaus, Gyßlingstraße 59, Englischer Garten, 80805 München, Tel.: 089-36100880, Web: www.minihofbraeuhaus.de

Olympia-Alm, Martin-Luther-King Weg 8, 80809 München, Tel.: 089-3009924, Web: www.olympiaalm.de

Osterwaldgarten, Keferstraße 12, 80802 Schwabing, Tel.: 089-3840 5040, Web: www.osterwaldgarten.de

Park Cafe - Restaurant Biergarten, Sophienstraße 7, 80333 München, Tel.: 089-51617980, Web: www.parkcafe089.de

Schinder-Stadl am Flaucher, Isarauen 2, 81379 München, Tel.: 089-28859686

St. Emmeramsmühle, St. Emmeram 41, 81925 München, Tel.: 089-953971, Web: www.emmeramsmuehle.de

Waldwirtschaft Grosshesselohe, Georg-Kalb-Straße 3, 82049 Großhesselohe bei München, Tel.: 089-74994030, Web: www.waldwirtschaft.de

Das Minihofbräu im Englischen Garten

# Außerhalb von München

## Badespaß am Chiemsee

Wer mit dem Hund an das Bayerische Meer reist, kann am Hundestrand in Feldwies/Übersee ungetrübten Badespaß erleben. Außerdem bieten der Chiemsee und seine Umgebung wunderschöne Wanderungen und Ausflüge auf die Inseln oder in die Berge an. Für Wanderungen am See entlang empfiehlt sich eher trübes Wetter, so dass Radler keinen Hundeslalom fahren müssen.

Anreise: Mit der Regionalbahn bis Feldwies/Übersee; alternativ: Parken am Strandbad in Übersee, das Badeparadies liegt hinter dem Strandbad

Start: Feldwies oder Strandbad – Nikolauskapelle – Vogelwarte – Heinrichswinkel – Seethal – Feldwies bzw. Strandbad, Dauer: ca. 1,5 Stunden ab Feldwies

Leinenpflicht: im Vogelschutzgebiet

## Naturdenkmal Partnachklamm

Ein Ausflug in die Klamm verspricht Abenteuer der besonderen Art. Da die teilweise steil abfallenden Wege nur mit Drahtseilen gesichert sind und Treppen sowie Holzbrücken zu überwinden sind, empfiehlt sich für ungeübte Berghunde ein gut sitzendes Hundegeschirr. Je nach Fitness stehen – statt eines Fußmarsches – die Eckbauern- oder Graseckbahn für den Rückweg zur Verfügung. Hundehalter zahlen übrigens eine kleine Eintrittsgebühr sowie bei Bedarf die Liftkarte, die Fellnase darf kostenlos mit.

Anfahrt: DB bis Garmisch-Patenkirchen, dann weiter mit dem Bus zum Skistadion; Parken in Garmisch am Skistadion

Start: Skistadion – Talstation Graseckbahn – Graseck – Eckbauer – Graseck – Wildenau – und zurück, Dauer: ca. 3,5 Stunden

Leinenpflicht: Ja

## Tegernsee

Rottach Egern, z. B. im Ortsteil Schorn, bietet Hunden in der Sommersaison einen eigenen Badebereich. An nicht so warmen Tagen lohnt sich eine Wanderung zum Wallberg mit einem traumhaften Blick über den Tegernsee oder Hirschberg mit seinem gigantischen Panorama der bayerischen und Tiroler Alpen und bis zum Münchener Olympiaturm.

Anfahrt: BOB bis Gmund und dann mit dem Bus nach Rottach-Egern z. B. Weißachdamm, Schorner Strandweg in Rottach Egern; Parken am Strandbad, Talstation a) Wallberg bzw. b) Scharling

Start: Route a) Rottach Egern – Wallbergbahn Talstation – Wallberghaus bzw. Route b) Leiten – Hirschberg – Hirschberghaus – Leiten, Dauer: a) 2,5 Stunden bzw. b) 4,5 Stunden

Leinenpflicht: Ja

Hundebadestrand am Chiemsee

## Gipfelhunde

Übrigens bieten die Gipfelhunde Tagestouren, Mehrtagestouren, Winterwanderungen und Schneeschuhwanderungen für alle Hundefreunde an. Nähere Infos gibt es unter: www.gipfelhunde.de
**Literatur:** Michael Reimer; Katrin Susanne Baur, Die schönsten Wanderungen mit Hunden, Oberbayern, Juni 2011, Frischluftverlag

# 3 Schritte
## zum Cooldown

### Die besten Strategien für den Streitfall mit Hund

„Nehmen Sie Ihren dämlichen Köter da weg!" Welcher Hundebesitzer hat diese oder ähnliche Situationen nicht schon einmal selbst erlebt. Ob man mit seinem Hund joggen oder einfach nur einen kleinen Spaziergang im Park machen möchte, ständig lauert die Gefahr, mit anderen Menschen in Konflikte zu geraten. Dabei kann es schon mal passieren, dass die Lage eskaliert. Dass dies nicht zwangsläufig passieren muss, hängt entscheidend vom Hundebesitzer selbst ab, meint die Deeskalationsexpertin und Persönlichkeitstrainerin Mona Oellers aus Aachen. Denn mit ein paar einfachen Strategien an der Hand, lassen sich selbst die schwierigsten Situationen meistern.

Das Malheur ist schnell geschehen. Hund von der Leine, Jogger kommt, Panik. Sofort kann das zu einem handfesten Streit ausufern. Oellers rät: Sich immer zu fragen, was hinter verbalen Attacken stecken kann. Warum ein Mensch positiv oder negativ auf Hunde reagiert, hängt entscheidend von seinen persönlichen Erfahrungen, als auch von seiner individuellen Wahrnehmung ab.

Ängste und eine ablehnende Haltung gegenüber Hunden kann auf Erlebnissen beruhen, die traumatisch sind. Der Wunsch nach Distanz zum Tier sollte da respektiert werden. Die Deeskalationstrainerin weist darauf hin, dass auch bei Tieren die unausgesprochene Regel gilt, dass der eigene Nahraum bei Unterschreiten einer Armlänge Abstand, verletzt wird. Daraus entwickelt sich ein für den Menschen unangenehmes Gefühl der Bedrohung. Ist man sich dessen bewusst, fällt einem die Entscheidung, nicht selbst in eine verbale Überreaktion zu verfallen, leichter.

Wenn der Streit aber vom Zaun gebrochen ist, helfen drei Schritte zum Cooldown:

### Schritt 1

Ein erster Schritt stellt laut Oellers die ernstgemeinte Entschuldigung dar. Dabei spielt die richtige Wortwahl nur eine untergeordnete Rolle. Wichtiger sind: Positive Körpersprache, offene Haltung oder Blickkontakt, Tonfall, Mimik und Gestik. Eine flapsige, beiläufige Bemerkung oder Entschuldigungsfloskel trägt nicht dazu bei, vom Gesprächspartner ernst genommen zu werden.

## Schritt 2

Die Entschuldigung bringt keinen Erfolg? Die Deeskalationstrainerin zeigt zwei mögliche Strategien auf, wie man auf den verbalen Frust vernünftig reagieren kann: „Geben Sie Ihrem Gegenüber einfach Recht." Dies wirke schnell entwaffnend, da man in einer sich eskalierend entwickelnden Situation eher eine entgegen gerichtete Kommunikation erwarte. Bekommt man hingegen Recht und achtet man auch hier auf eine durch positive Körpersprache unterstützte Sprache, so lässt sich ein scheinbarer Konflikt schnell auflösen.

Als weitere Option benennt die Konfliktexpertin das Prinzip der Angleichung. Hier erreicht man eine Deeskalation, indem man durch das Herstellen einer Parallele Verständnis für die Situation zeigt. Eine mögliche Äußerung wäre: „Ich verstehe Sie gut. Ich habe mich in einer ähnlichen Lage auch schon einmal so erschrocken." Dieses geäußerte Einfühlungsvermögen lässt sich als eine Form der Gemeinschaftlichkeit interpretieren. Hier entsteht eine Verbindung zwischen den Konfliktparteien auf Augenhöhe, die auf Respekt und Achtung abzielt.

Mona Oellers

## Schritt 3

Sollte dies alles nicht zum gewünschten Ergebnis führen, so ist es angebracht, wenn der Hundebesitzer von sich aus die Unterredung beendet, indem er durch einen Zweisilber wie „soso" oder „na dann" die Situation verlässt. Nachdem man versucht hat, sich einfühlend und ernstgemeint mehrmals zu entschuldigen und sein Gegenüber dennoch in Rage bleiben möchte, so hat man das Recht, diesen Streit nicht weiter zu führen, da hier vom anderen Konfliktpartner nicht signalisiert wird, sich auf eine Befriedung der Dinge einzulassen. Denn für eine erfolgreiche Kommunikation bedarf es der Mitwirkung beider Konfliktparteien.

## cooldown®

Mona Oellers
Hundertsweg 8, 52076 Aachen
Tel.: 0157-8511 8050
Mail: info@cooldown-training.de
Web: www.cooldown-training.de

# Gassiservice in München

## Mein Job: Spazieren gehen

„Benny muss immer als letztes ins Auto, sonst macht er Theater", Monika Ritzinger vom Dog Service München kennt ihre Pflegehunde aus dem FF. Mehrmals die Woche holt sie die ihr anvertrauten Vierbeiner von zu Hause ab. Meistens geht sie mit den Hunden für eine Stunde Gassi, einige Hunde verbringen aber auch einen halben oder ganzen Tag beim Dog Service München. Sonderleistungen wie Füttern oder Tierarztbesuche werden auf Wunsch gerne erfüllt.

Um neun Uhr beginnt die Dogwalkerin ihre Arbeit. Dann heißt es Hunde einsammeln und gemeinsam spazieren gehen. In jeder Gassirunde gibt es kleine Trainingseinheiten mit Unterordnungsübungen. „Schließlich müssen die Hunde ja wissen, wer der Chef im Rudel ist", erklärt die Hundebetreuerin ihre Methode. Dabei dürfen die Hunde durchaus Hund sein: Schnuppern, freilaufen, Gehorsam und Leckerli gehen nahtlos ineinander über. Sobald das erste Hundeteam wieder wohlbehalten zurück ist, startet die nächste Hunderunde.

### Keine einfache Arbeit

Nachmittags gönnt sich die Hundemami eine Ruhepause, bevor es zur Abendrunde geht.

„Viele stellen sich meine Arbeit zu einfach vor", erzählt uns die ehemalige Immobilienangestellte, „zum einen vergessen viele die langen Fahrtzeiten im Münchner Berufsverkehr und zum anderen macht es einen großen Unterschied, ob ich mit meinem eigenen Hund oder mit vier fremden Hunden unterwegs bin. Es darf einfach nichts, rein gar nichts passieren!" Jeder einzelne Schritt ist geplant: Die ausgeführten Hunde müssen charakterlich zusammen passen, sie dürfen nur auf der Bürgersteigseite aus dem Auto steigen und sollten vor allem sozial verträglich sein. Je nach Wetterlage wird ein anderes Auslaufgebiet angefahren. Bei Regen geht es gerne in den Perlacher Forst und bei schönem Wetter an die Isar oder an den Eisbach im Englischen Garten. Kleidung, Auto selbst das Zuhause sind mittlerweile vollkommen auf den Dog Service abgestimmt. Doch Monika Ritzinger, die sich gesundheitsbedingt zu dem Schritt in die Selbständigkeit als Hundesitter entschloss, bereut ihren Mut nicht: „Spazieren gehen ist das Beste, was ich derzeit für mich tun kann und mittlerweile habe ich so viele Kunden, dass ich mir bald Unterstützung suchen muss."

Zwischendrin gibt's eine Trainingseinheit

Eine Gassirunde beim Dog Service München gibt es ab 13 Euro und wer ein Monats-Business Angebot mit regelmäßiger Hundebetreuung bucht kann sich nochmals einige Euros einsparen.

## Dog Service München

Hundebetreuungs- und Gassiservice, Monika Ritzinger, Leifstraße 16, 81549 München, Tel.: 089-69394427, Mobil: 0171-7339129, Mail: info@dog-service-muenchen.de, Web: dog-service-muenchen.de

# Mit dem Hund in München unterwegs

### MVV – Hunde fahren gratis

Dass München eine hundefreundliche Stadt ist, stellt man immer wieder fest. Auch der Münchener Verkehrs- und Tarifverbund unterstützt das bayerische Motto „Leben und leben lassen". Deshalb dürfen Hunde – sofern der Besitzer einen gültigen Fahrschein gelöst hat – umsonst mit U-Bahn, S-Bahn, Tram und Bus fahren. Dieses kulante Angebot gilt für einen Hund. Jeder weitere Vierbeiner, der nicht in einen Korb oder eine Tasche passt, braucht eine Kinderfahrkarte – aber die kostet ja auch nicht die Welt.

Im MVV müssen Hunde an die Leine

Für den Hundehalter sollte es selbstverständlich sein, seinen Hund im Getümmel der öffentlichen Verkehrsbetriebe an der kurzen Leine zu halten. Oder aber er hat seine Minifellnase in einem geeigneten Behältnis, sprich einer Hundetasche. Hunde, von denen eine Gefahr für Mitreisende aus-

gehen könnte, müssen einen Maulkorb tragen und Kampfhunde dürfen gar nicht mit dem MVV befördert werden.

Nähere Informationen gibt es im Internet unter www.mvv-muenchen.de.

### Ja, mia san mim Radl do...

München bezeichnet sich selbst als die Radlhauptstadt und bietet auch gleich eine Gesamtstrecke von 1200 Radlkilometern an. Klar, dass da das Zamperl auch dabei ist. Gut erzogene, große und gesunde Hunde können natürlich bei angemessener Geschwindigkeit locker an der Leine mitlaufen. Doch wohin mit den Kleinen oder bei längeren Strecken? Gerade für etwas größere Hunde bietet sich ein Hunde- oder Kinderfahrradanhänger für den Transport an. Vorsicht: Das Fahren im Hänger sollte vorher geübt werden, sonst hüpft der Hund unvermittelt auf die Straße. Hunde bis fünf Kilogramm fahren im Fahrradkorb mit. Solange die Hunde gut gesichert sind – steht dem Radlausflug dann nichts im Wege.

### Tiertaxi Eva-Maria Hiebel

Wer kein eigenes Auto hat und doch mal schnell auf vier Rädern durch München fahren möchte, ist beim Tiertaxi und Taxiunternehmen Eva-Maria Hiebel richtig aufgehoben.
Tel.: 089-573904 oder 0172 8906497

# Hundepensionen in und um München
## Übernachtung mit Vollpension für Vierbeiner

Familie oder Hotelbetrieb, Gassi oder Agility? Was geschieht mit unserem vierbeinigen Liebling, wenn er im Urlaub einfach nicht dabei sein kann oder wir krank oder auf Geschäftsreise sind? Die Fred & Otto-Redaktion hat Hundepflegestellen in und um München unter die Lupe genommen und stellt ein paar interessante Varianten vor.

Natürlich ist es am Schönsten, wenn der Hund – falls der Besitzer mal verhindert ist – in der Familie oder bei Freunden unterkommt. Diese Menschen kennt er und sie gehören zum Teil seines Rudels, wenn auch nur gelegentlich. Doch nicht immer ist das möglich.

### Unterkunft im Isarwinkel

„Bei uns leben die Gasthunde mit uns Menschen und unseren Sofawölfen zusammen", erzählt Franziska Feldsieper, die aus persönlichen Gründen die Arbeit in der eigenen Hundeschule eingeschränkt und im August 2013 die „Hundepension Isarwinkel" eröffnet hat. In dem 1000qm großen Garten in Penzberg dürfen sich die Hunde frei bewegen. Auch im zugehörigen Haus haben sie fast alle Freiheiten. Lediglich die Küche ist für Vierbeiner tabu.

Als überzeugte Barferin füttert Feldsieper diese Nahrung am liebsten allen Hunden im Haus. Doch auch wer Nass- oder Trockenfutter bevorzugt, darf seine Wünsche nennen oder das Futter selber mitbringen. Sogar kochen würde die Hundepensionsleiterin, wenn dies gefragt ist. Ob Medikamente oder Physiotherapie, Beschäftigung, Gassigehen und ganz viele Streicheleinheiten – im Isarwinkel dreht sich alles um den Hund. Aufnahmevoraussetzung ist, dass der Hund sozialverträglich, mit den notwendigsten Impfungen ausgestattet und parasitenfrei ist. Auch unkastrierte, alte und behinderte Hunde sind willkommen.

### Luxustempel für Hunde

Sozialverträglichkeit ist die Mindestanforderung bei so gut wie allen Pensionen, denn wer will sich schon Stress ins Haus holen. Hunde, die neben Beschäftigung auch Grooming brauchen sind im Canis Luxury Resort am Flughafen richtig aufgehoben. Seit 2008 bietet die Luxuspension 35 – 40 Hunden pro Tag Platz. An die 30 spezialisierte Mitarbeiter kümmern sich rund um die Uhr um die Urlaubsgäste. Wobei die Fellnasen mit maximal fünf Artgenossen gleichen Alters, Geschlechts und Temperament in futuristischen Hundehütten, den sogenannten Dog Lodges, mit individuellem Freilauf untergebracht sind. Ob Pickup- oder Gate-to-Gate-Service, Health Care

Hier schläft der Hund

oder Physiotherapie – das exklusive Hundehotel bietet fast alle Dienstleistungen an, die Mensch und Hund sich wünschen. Übrigens kann im Canis Resort an 24 Stunden am Tag an sieben Tagen die Woche ein- oder ausgecheckt werden.

## Familienhund

Bei Sammys nasse Schnauzen haben die Hunde echten Familienanschluss. Maximal drei Hunde nimmt die kleine Pension in München Neubiberg auf. Doch bevor es soweit ist, lernen sich Pflegeeltern, Hund und Besitzer für ein paar Stunden erst einmal kennen. Gabriella Klos hat eigens einen Steckbrief vorbereitet, damit sie Vorlieben und Krankheiten, Eigenarten und Fressgewohnheiten ihres Gastes genau kennt. Denn ihr ist es wichtig, dass die Hunde sich bei ihr rundum wohl fühlen. Eben fast wie daheim, dazu gehören Leckerli, Gassigehen, Spielen und Streicheleinheiten.

Es gibt eine Reihe von Hundepensionen in München. Manche sind privat, andere wie

ein Hotel organisiert. Sicher ist auch für Ihren Geschmack etwas dabei. Vielleicht hat ja auch Ihre Hundeschule oder der Tierarzt einen Tipp? Wichtig ist jedenfalls, dass Sie sich schon vor der Abgabe mal ein Bild von der Pflegeherberge machen. Denn jeder hat eine andere Vorstellung davon, was gut für seinen Zamperl ist.

## Hundepensionen

**Hundepension Isarwinkel,** Seeshaupter Str. 66, 82377 Penzberg, Tel.: 0175-466 4448, Web: www.hundepension-isarwinkel.de

**Canis Resort München Airport,** Erdinger Str. 135, 85356 Freising, Tel.: 0800-9070907 oder Tel.: 08161-8846974 Web: www.canisresort.com

**Sammys nasse Schnauzen Hotel,** Gabriella Klos, Promenadestr. 24, 85579 Neubiberg, Tel.: 089-6062296, Tel.: 0157-59257577, Mail: sammy.klos@hotmail.de, Web: www.sammysnasseschnauzen.de

# Sightseeing mit Hund

## Unterwegs in München

Ob Tourist oder Münchener – die Isarmetropole bietet interessante Kulturhighlights, die auch mit Vierbeinern besucht werden können. Warum nicht mal statt alltäglicher Runde die historische Entwicklung des Englischen Gartens bewundern, die Wahrzeichen der Stadt besichtigen und zum Zoo, Botanischen Garten oder gar zum Geiselgasteig fahren? Wir haben die schönsten Münchner Highlights, die mit Hunden zu besichtigen sind, unter die Lupe genommen:

### Englischer Garten und Hofgarten

Natürlich lädt der von Friedrich Ludwig von Sckell gestaltete, Englische Garten mit seinen 375 Hektar und 78 Kilometern Wegstrecke als größte Parkanlage der Welt zu ausgiebigen Spaziergängen ein. Doch wer mit offenen Augen Gassi geht, kann auch noch jede Menge Kultur erleben. Angefangen am südlichen Teil des Englischen Gartens bieten zunächst die Eisbachsurfer am Haus der Kunst ihr faszinierendes Schauspiel mit der Welle. An der Ecke Prinzregenten-/Lerchenfeldstraße steht im sogenannten Hirschanger das Rumforddenkmal.

Entworfen von Franz Schwanthaler wurde es zu Ehren von Sir Benjamin Thompson, dem Ideengeber des Englischen Gartens, dort aufgestellt. Aufgrund

Spaziergang im Nordteil des Englischen Gartens

der Städtepartnerschaft zu Sapporo, die anlässlich der Olympischen Sommerspiele 1972 entstand, wurde das japanische Teehaus im Südwesten des Gartens gebaut und von einem japanischen Garten umgeben. Auf dem Weg gen Nordosten sorgt der 16 Meter hohe Monopteros – des-

sen Rundtempel im griechischen Stil entwarf übrigens Leo von Klenze – zu einem außergewöhnlichen Blickfang. Kurz darauf kommt man am berühmten, 25 Meter hohen Chinesischen Turm mit seinem kosmopolitischen Biergarten vorbei. Den sollte kein Städtereisender in München auslassen. Ob Christkindlmarkt oder Kocherlball, historisches Kinderkarussell oder Kutschfahrten – am China-Turm ist immer etwas los. Sehenswert ist zudem das hinter dem Turm gelegene, klassizistische Rumfordschlössl. Seinen Namen erhielt es nach dem Reichsgrafen von Rumford. Heute ist hier ein Natur- und Kulturtreff für Kinder und Jugendliche untergebracht. Von hier geht es zum Seehaus und den künstlich angelegten Kleinhesseloher See. Rund um den See stehen zum Beispiel am Nordostufer das Sckelldenkmal und das von Klenze entworfene Werneck Denkmal. Reinhard Freiherr von Werneck hatte 1803 den See angelegt. Im Juli führt das Sommertheater jeden Tag und bei schönem Wetter eine klassische Komödie im Amphitheater – im Nordteil des Englischen Gartens – vor. Eintritt frei!

## Wahrzeichen der Altstadt

Der historische Stadtkern Münchens bietet unzählige Sehenswürdigkeiten: München wurde erstmals 1158 im Augsburger Schied erwähnt, nachdem Heinrich der Löwe nahe der heutigen Ludwigsbrücke einen Markt gegründet hatte. Von hier geht es zum Isartor, einem der ältesten Stadttore Münchens, das nach der Zerstörung im zweiten Weltkrieg wieder originalgetreu nachgebaut wurde. In den beiden Falkentürmen des Tores befindet sich heute das Valentin-Karlstadt-Musäum. Sehenswert:

Das spiegelbildliche Ziffernblatt der Turmuhr zum Tal. Weiter geht's Richtung Innenstadt am alten Rathaus – hier ist das Spielzeugmuseum integriert – vorbei zu Sankt Peter, der ältesten Pfarrkirche Münchens mit ihrem bekannten, 91 Meter hohen Turm „Alter Peter". Die erste Pause könnte man schon am Viktualienmarkt, südlich des Petersplatzes, einlegen. Doch locken der Marienplatz (1158), die Mariensäule (1638), der für seine Geldwäsche bekannte Fischbrunnen (1954) und das im neugotischen Stil erbaute Neue Rathaus (1867 bis 1909) zu weiteren Entdeckungstouren. Das berühmte Glockenspiel am Rathaus ertönt täglich um 11 und 12 Uhr und von März bis Oktober auch um 17 Uhr. Für Hundebesitzer interessant: Um 21 Uhr tritt aus dem seitlichen Erker links der Nachtwächter mit Hund, der in einem zweiminütigen musikalischen Schauspiel zusammen mit dem Friedensengel das Münchner Kindl zur Nachtruhe geleitet. Hinter dem Rathaus bietet der Marienhof eine kleine Verschnaufpause. Natürlich darf ein Abstecher zum Wahrzeichen Münchens, der Frauenkirche (1494), nicht fehlen. Dann geht's weiter gen Norden Richtung Theatinerkirche (1663-1692) über den Odeonsplatz mit der bekannten Feldherrenhalle zur Münchener Residenz und schließlich in den Hofgarten, in dem der Zamperl endlich ausgiebig rumtoben darf. Im Zentrum des Hofgartens steht übrigens der Dianatempel mit seinen typischen Rundbogenarkaden der Renaissancezeit. Der Altstadtrundgang empfiehlt sich eher sonntags, wenn die Fußgängerzone den Touristen vorbehalten ist. Achtung: Seit dem 11. Juli 2013 herrscht in der ganzen Altstadt Leinenpflicht für Hunde ab 50 cm.

*Empfindliche Sonderausstellungen sind für Zamperl tabu*

## Weitere Besichtigungstouren mit Hund:

### Tierpark Hellabrunn

In dem 36 Hektar großen Tierpark Hellabrunn leben über 700 Arten und mehr als 17.000 Tiere. Bei seiner Eröffnung 1911 war der Tierpark weltweit der erste Geo-Zoo. Hunde können an der kurzen Leine in den Tierpark mitgenommen werden. Sie dürfen aber nicht in die Tierhäuser oder unbeaufsichtigt im Park angebunden werden.

Adresse: Münchener Tierpark Hellabrunn AG, Tierparkstraße 30, 81543 München, Tel.: 089-625080, Fax: 089-6250832, Mail: office@tierpark-hellabrunn.de, Web: www.tierpark-hellabrunn.de
Öffnungszeiten: 23.03. - 27.10.2013 von 9 - 18 Uhr, 28.10. bis März 2014: 9 - 17 Uhr, täglich geöffnet

### Botanischer Garten

Von der alpinen Anzucht über Nutzpflanzen bis hin zu ökologischen Themen – Hunde dürfen an der kurzen Leine mit in das faszinierende Freigeländе des Botanischen Gartens. Aber:
Gewächshäuser, Winterhalle und der Umgebungsbereich (Sonderausstellungsbereich) sind für sie tabu.

Kontakt: Botanischer Garten München-Nymphenburg, Menzinger Straße 65, 80638 München, Tel.: 089-17861350, Fax: 089-17861340, Mail: info@botmuc.de, Web: www.botmuc.de
Der Garten ist außer am 24. und 31. Dezember täglich geöffnet. Die monatlichen Öffnungszeiten variieren und sind dem Internet zu entnehmen.

### Bavaria Filmstadt

Und Action! Ob Asterix, Fuchur, Wicki oder die wilden Kerle – in der Münchener Filmstadt kann man einen Blick hinter die Kulissen werfen oder gleich bei einer Filmszene mitspielen. Hunde dürfen während der Filmstadtführung (90 Minuten) mitgenommen werden. Am kompletten Angebot können sie leider nicht teilnehmen.

Kontakt: Bavaria Film GmbH, Bavariafilmplatz 7, 82031 Grünwald/Geiselgasteig bei München, Tel.: 089-64992000, Fax: 089-64993152, Mail: filmstadt@bavaria-film.de, www.bavaria-film.de
Öffnungszeiten vom 23.3.- 03.11.2013 9 - 18 Uhr, 4.11.2013-11.4.2014 10 – 17 Uhr

### Citysightseeing mit Bus

Wer einmal in München ist, sollte unbedingt eine Rundfahrt mit dem Doppeldecker-Sightseeingbus mitmachen. Das Unternehmen bietet drei unterschiedliche Touren mit dreizehn Stopps an. Man kann an jeder Station beliebig ein- und aussteigen. Und das Schönste: Die Zamperl dürfen mitfahren. Abfahrten erfolgen ab dem Bahnhofsplatz München (vor dem Elisenhof).
Kontakt: Yellow Cab Verkehrsbetriebs-GmbH, Luisenstraße 4, 80335 München, Web: www.citysightseeing-muenchen.de

# Vierbeiner auf vier Rädern

## Für wie viel Sicherheit sorgen Hundeboxen, Trenngitter und Hunde-Sicherheitsgurte im Auto?

So schön München ist – irgendwann treibt es jeden Hundebesitzer raus aus der Stadt. Die Alpen warten, die vielen Seen locken. Und wer kennt dieses „Ich muss raus"-Gefühl nicht? Der Vierbeiner kommt dann in den Kofferraum und ab geht's. Uns hat interessiert: Was kann man eigentlich in puncto Sicherheit tun, wenn es im Auto raus ins Grüne geht?

Soviel ist auf jeden Fall sicher: Spezielle gesetzliche Regelungen – beispielsweise eine Anschnallpflicht für Hunde – gibt es nicht. „Hunde werden beim Transport von Fahrzeugen als Ladung angesehen", erklärt der TÜV-Sachverständige Alois Decker. „Und grundsätzlich", so der Sicherheitsexperte, „ist der Fahrzeugführer für die Sicherung von Ladung und auch Passagieren verantwortlich". Eine Umfrage des Allianz Zentrum für Technik (AZT) offenbart jedoch, dass 78 Prozent der Hundehalter ihre Hunde ungesichert in Pkw-Limousinen transportieren – viele sogar unangeschnallt auf dem Beifahrersitz. 60 Prozent der Kombi-Fahrzeuge verfügen immerhin über ein Sicherheitssystem wie Trenngitter oder Hundebox. Auch das ist eine sehr geringe Zahl. Deshalb: Aufgepasst im Straßenverkehr – erst recht mit Hunden an Bord.

Klar sollte sein, dass Hunde während einer Fahrt weder durch lose Gepäckstücke verletzt, noch im Falle einer Notbremsung durch das Auto oder gar die Windschutzscheibe geschleudert werden dürfen. Dabei muss es gar nicht immer erst zum Äußersten kommen. Ungesicherte Hunde werden schon bei scharfen Kurven einem hohen Verletzungsrisiko ausgesetzt. Einmal scharf rechts abgebogen und Herrchens Liebling rammt sich unvorbereitet den Kopf am linken Seitenfenster. Und selbst wenn ein Unfall glimpflich abgelaufen ist, droht Gefahr. Beim Öffnen einer Autotür – oder im Falle einer zertrümmerten Fensterscheibe – muss gewährleistet sein, dass der Hund nicht eigenmächtig auf die Fahrbahn springen kann. Nicht selten verursachen freilaufende Hunde auf der Fahrbahn katastrophale Kettenreaktionen mit unabsehbaren Folgen. Ebenso wichtig: Bei allen Vorsichtsmaßnahmen darf die Sicherheit von Hunden nicht zulasten eines artgerechten Transportes gehen. Genügend Luft zum Atmen und Platz zum Sitzen bzw. Schlafen sollten bei Autofahrten mit Hund eine Selbstverständlichkeit sein.

Es gibt verschiedene Sicherheits- und Schutzsysteme, die die Mitnahme von Hun-

Vario Cage Hundebox

den bequem und sicher machen. Frauchen und Herrchen haben die Qual der Wahl: festinstallierte oder transportable Boxen? Trenngitter oder doch lieber Sicherheitsgurte? Reicht nicht auch eine einfache Schutzdecke?

## Hundebox

Am teuersten in der Anschaffung ist die fest installierte Hundebox im Koffer- bzw. Laderaum des Autos. Für den hohen Preis von bis zu 500 Euro erkauft man sich jedoch für Tier und Mensch die wohl größte Sicherheit – vorausgesetzt die Befestigung der Box erfolgt fachgerecht. Vertrieben werden die Boxen als Standardmodelle mit unterschiedlichen Höhenabmessungen, aber auch als Sonderanfertigungen. Die Boxen bieten ausreichend Platz für den Hund und sind durch die Metallver-

arbeitung (Stahl oder Aluminium) besonders stabil. Im Falle eines Unfalls sind die Hunde vor umfallenden Gepäckstücken geschützt, bei Vollbremsungen werden sie nicht durch das Auto geschleudert. Die Stabilität der Boxen wird durch eine zusätzliche Fixierung im Auto gewährleistet. Darüber hinaus wird der direkte Kontakt zwischen Mitfahrern und Hund unter-

Eine transportable Hundebox der Firma Petmate (Vari Kennel Ultra Fashion Flugbox Transportbox). Erhältlich u. a. bei Land of Dogs (www.landofdogs.de).

bunden. Der Nachteil der Boxen ist, dass sie sehr viel Platz einnehmen und nicht in allen Autos installiert werden können – lediglich Kombimodelle und andere Großraumfahrzeuge wie z. B. Wohnmobilen eignen sich dafür. Darüber hinaus benötigen Hunde in der Regel eine gewisse Eingewöhnungszeit, bis sie in den Boxen freiwillig Platz nehmen.

Eine günstigere Alternative für kleinere Hunde ist die transportable Box. Ist sie ordnungsgemäß – durch Sicherheitsgurte oder eine Platzierung im Fußraum hinter den Vordersitzen – im Auto fixiert kann sie einen ebenso effektiven Schutz bieten wie die fest installierte Box. Voraussetzung dafür ist jedoch, dass sie aus besonders stabilem Material wie z. B. Aluminium gefertigt sind. Da die transportablen Boxen auch außerhalb des Autos angewandt werden können, fällt die Gewöhnung der Hunde an die Boxen in der Regel leichter.

## Trenngitter und Sicherheitsnetze

Trenngitter und Sicherheitsnetze können sowohl in Kombis als auch in Schrägheck-limousinen zwischen Lade- bzw. Kofferraum und Rücksitzen angebracht werden. Die Gitter bzw. Netze sollten vom Dachbereich bis zum Boden reichen. Das A und O von Trenngittern und Sicherheitsnetzen ist eine stabile Fixierung. Der Vorteil von Trenngittern und Sicherheitsnetzen ist, dass eine Trennung zwischen Mitfahrern und Hund gewährleistet ist. Bei großen Kofferräumen kann jedoch der Abstand zwischen Hund und Gitter zu groß sein, so dass dennoch eine Verletzungsge-

fahr für den Hund besteht. Befinden sich im Koffer- bzw. Laderaum weitere Gepäckstücke, stellen diese eine zusätzliche Gefahrenquelle dar. Die Kosten für Trenngitter und Sicherheitsnetze liegen zwischen 150 und 350 Euro.

## Hunde-Sicherheitsgurte

Gurte nehmen wenig Platz ein und können schnell um den Hund geschnallt werden. Die Gurte haben den gleichen Schutzeffekt wie bei Menschen. Bei korrekter Anwendung besteht im Falle eines Unfalls keine G e f a h r ,

Sicherheitsgurt

dass die Hunde durch das Auto katapultiert werden. Ein Hundesicherheitsgurt erfüllt jedoch nur dann seine Schutzwirkung, wenn es sich um breite und gepolsterte Gurte handelt. Diese reduzieren im Falle eines Unfalls einerseits den Druck auf den Brustkorb, andererseits reißen sie bei extremen Belastungen nicht so schnell wie schmale Gurte. Außerdem muss darauf geachtet werden, dass der Bewegungsfreiraum für den Hund möglichst gering gehalten wird. Im Falle einer Kollisi-

Schutzdecke für das Auto

on besteht einerseits nicht die Gefahr, dass der Hund trotz Gurt nach vorne geschleudert wird. Anderseits wird verhindert, dass andere Mitfahrer durch den Hund getroffen werden. Die Verschlüsse der Sicherheitsgurte sollten nicht aus Kunststoff, sondern aus Metall sein. Ebenso wichtig ist, dass die Gurte beidseitig fixiert werden.

## Schutz- bzw. Schondecken

Schutz- und Schondecken dienen ausschließlich dem Schutz des Autos. Um die Sicherheit für Mensch und Tier zu gewährleisten, sollten die Decken mit Sicherheitsgurten kombiniert werden. So verfügen hochwertige Decken über entsprechende Schlitze, durch die der Hundegurt mit den Gurtschlössern verbunden werden kann. Ausgelegt werden die Decken auf der Rücksitzbank des Autos. Eine zusätzliche Fixie-

rung erfolgt an den jeweiligen Kopfstützen der Vordersitze. Die Decken sind feuchtigkeitsabweisend sowie reiß- und abriebfest. Im Handel sind die Decken etwa ab 50 Euro erhältlich.

Fest steht: Keines der vorgestellten Systeme bietet 100-prozentige Sicherheit. Was für den Menschen im Straßenverkehr gilt, ist bei Hunden nicht anders. Selbst die teuersten Boxen, Gurte und Gitter können das Gefahrenpotenzial im Auto nicht auf null reduzieren. Jeder Autofahrer sollte sich somit nicht nur der Vor- und Nachteile der Sicherheitssysteme, sondern auch der Verantwortung gegenüber dem Hund, den Mitfahrern und den anderen Verkehrsteilnehmern bewusst sein. Dann steht einem unbekümmerten Ausflug ins Grüne nichts mehr im Wege.

(Text: Frank Petrasch)

# Die Hunde-nanny von nebenan

## Das Start-Up Leinentausch vermittelt persönliche Betreuung für Hunde

Arbeiten und die Bedürfnisse des Hundes erfüllen? Wer nicht gerade das Glück hat, seinen Hund mit ins Büro nehmen zu können, steht vor einer echten Herausforderung. Das spürte auch Vanessa Lewerenz-Bourmer. Nachdem sie mit Mann und Hunden nach Berlin gezogen war, suchte sie lange nach einer guten Betreuung für ihre beiden Vierbeiner – ohne wirklichen Erfolg. Was tun? Im Juli 2013 gründete sie Leinentausch, eine Plattform bei der Hundehalter eine Betreuung für die Zeit buchen können, in der sie ihren Vierbeiner selbst nicht artgerecht versorgen können. Das Angebot reicht von Gassi-Services über die Betreuung während der Arbeitszeit, bis hin zur klassischen Ferienbetreuung mit Übernachtung. Vanessa Lewerenz-Bourmer möchte „Hundehalter nicht dazu ermutigen, ihren Hund ‚abzugeben‘, sondern eine Lösung für ein existierendes Problem bieten", wie sie sagt. Denn „welcher junge Mensch kann schon voraussehen, wie es beruflich in 2, 4 oder 10 Jahren aussieht? Wenn wir alle auf den perfekten Zeitpunkt zur Hun-

dehaltung warten würden, würde es immer weniger Hundehalter geben."

### Wie Leinentausch funktioniert

Auf der Plattform können sich Hundesitter und Hundehalter registrieren und je nach Bedarf zusammenkommen. Hundesitter machen Angaben zu ihrem Wohnumfeld und dazu, ob bereits Artgenossen vorhanden sind. Die Hundehalter füllen einen Fragebogen zu ihrem Hund aus, wo zusätzlich zu Rasse, Alter und Geschlecht 12 Eigenschaften abgefragt werden, beispielsweise: Ist der Hund verträglich mit Artgenossen, mit Katzen und mit Kindern? Wieviel Temperament hat er oder hat er gar Verlassensängste? „Was für den einen Sitter absolut irrelevant sein mag, ist bei einem anderen ein absolutes Knock-out-Kriterium." Anhand des Hundeprofils können die Hundebetreuer auf einen Blick einschätzen, ob der Gasthund in ihr persönliches Lebensumfeld passt. Damit bietet Leinentausch dem Hundehalter gleichzeitig die Gewissheit, dass der Hundesitter weiß, wo-

# GOOD BOY!

ie Bekleidung für Hundehalter!

**Allwetter-Bekleidung**
- Jacken & Westen
- Kurzmäntel
- Sweatjacken
- Hosen & Stiefel

**ab €**
**129,95**
„3 in 1" Jacke „MAXX"

**Der original GOOD BOY! Ausstattung:**

- Leckerlibeutel, am Karabiner zu befestigen
- große Rückentasche für Trainingsdummys
- Einschubtasche für Hundepfeife
- Schulterklappen zum Befestigen der Leine
- extra viele verschließbare Taschen innen & außen
- Taillen-Tunnelzug & abtrennbare Kapuze
- Paspel-Reflektoren & 2-Wegereißverschluss
- wasserdicht, winddicht, atmungsaktiv

# GOOD BOY!

# Die Bekleidung für Hundehalter

esign und Funktion für Sport und Outdoor-
reizeit mit dem Hund: hochfunktional, vielsei-
g, strapazierfähig, wasser- und winddicht.

**GOOD BOY!** – multifunktionale Freizeitmode für Hundehalter
Bestellen Sie einfach unseren Katalog unter 04171 - 60 70 94 0 oder www.goodboy.de

Frühjahr/Sommer 2013

Leinentausch Gründerin Vanessa Lewerenz-Bourmer mit ihrem ehemaligen Straßenhund „Filou".

rauf er sich einlässt. „Kein Hund ist wie der andere und auch Hundesitter haben ihre persönlichen Vorlieben, so dass wir bisher jeden Hund unterbringen konnten."

Bei Leinentausch sind – vom Laien bis zum professionellen Hundetrainer – alle Erfahrungslevel vertreten. „Wir prüfen in einem Interview, ob die Einstellung stimmt", erzählt die Gründerin. Wer also komplett daneben liegt und nicht über die notwendige Sachkenntnis verfügt, wird nicht freigeschaltet. „Sicherheit ist uns ein Herzensanliegen, deswegen verifiziert Leinentausch auch die Kontaktdaten und die Personalausweise der angehenden Hundebetreuer." Mittelfristig wird über ein Weiterqualifizierungskonzept für die Betreuer nachgedacht – so Lewerenz-Bourmer, die selbst eine Ausbildung zur Hundetrainerin (IHK/BHV) absolviert.

## Familienanschluss

Eine Hundebetreuung über Leinentausch ist immer eine Betreuung mit Familienanschluss. So wie bei Jennifer Miksch, 26, die mit Hunden aufgewachsen ist. Gerne würde sie wieder einen Hund haben. Das Hun-

desitting bei leinentausch.de war dann der Kompromiss mit ihrem Freund. Für 14 Tage hat sie Mischlingsdame Paula bei sich aufgenommen. Für 23 Euro pro Tag, was preiswerter ist als viele Hundepensionen. Ihren Preis legt sie im Profil auf der Plattform selbst fest. Für Miksch sind es 14 glückliche Tage. Einer fremden Person den eigenen Hund zu überlassen, ist natürlich eine absolute Vertrauensfrage. Deswegen empfiehlt Lewerenz-Bourmer die Suche nach einem Hundebetreuer frühzeitig anzugehen. In der Regel gibt es immer ein erstes gemeinsames Kennenlernen, verbunden mit einer Gassirunde, um zu prüfen ob die Chemie zwischen Hund und Betreuer stimmt. Bei Ferienbetreuungen – wie im Fall von Paula – gab es sogar eine Probeübernachtung. Das Frauchen von Paula war sehr beruhigt, als Paula am Abgabetag freudig wedelnd die Treppe hinaufstürmte und gleich wusste, zu welcher Tür sie muss. Da fiel die Trennung dann nicht mehr ganz so schwer.

## Leinentausch

Web: www.leinentausch.de
Mail: kontakt@leinentausch.de

116

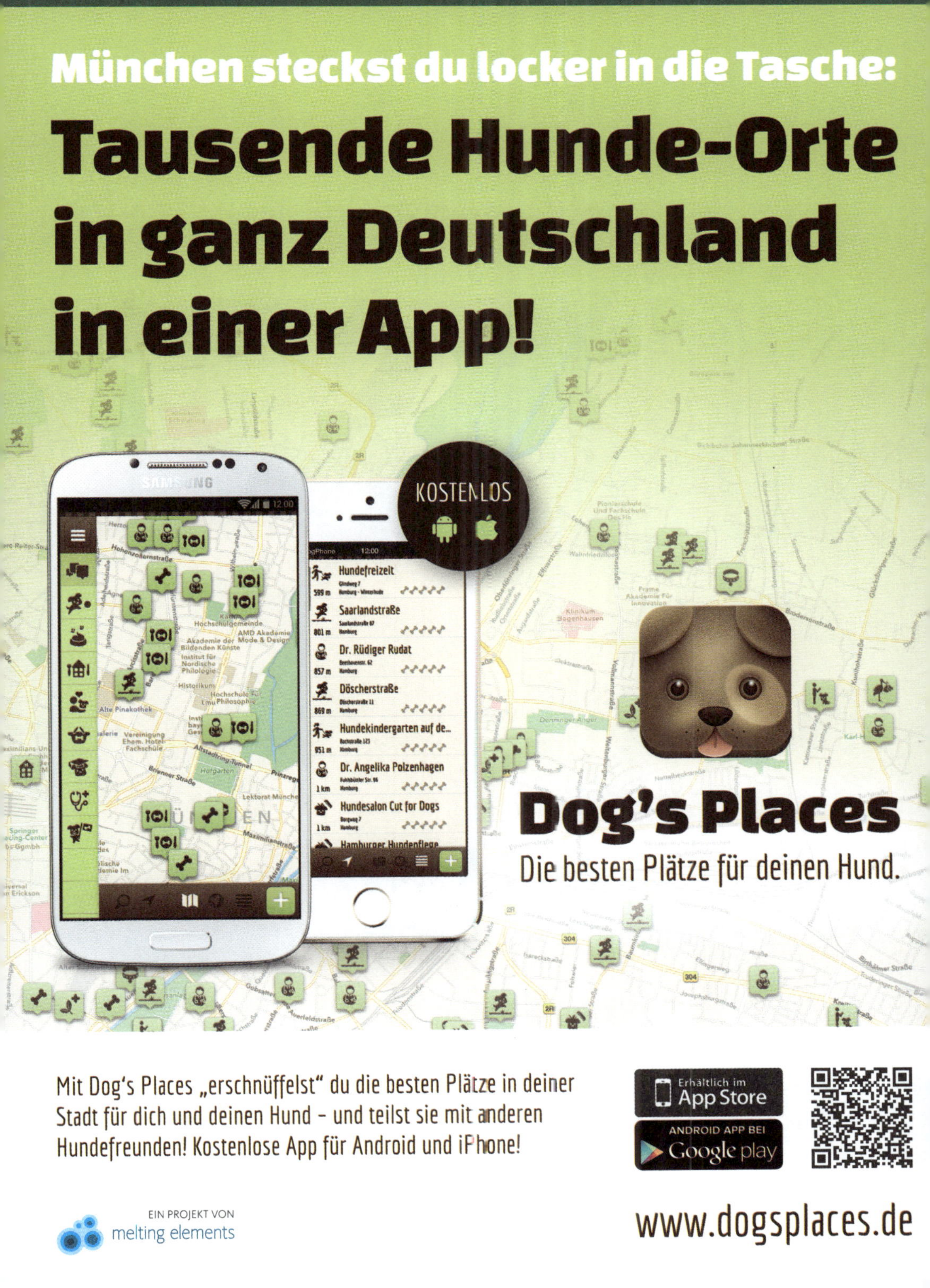

# München steckst du locker in die Tasche:

# Tausende Hunde-Orte in ganz Deutschland in einer App!

**KOSTENLOS**

## Dog's Places
### Die besten Plätze für deinen Hund.

Mit Dog's Places „erschnüffelst" du die besten Plätze in deiner Stadt für dich und deinen Hund – und teilst sie mit anderen Hundefreunden! Kostenlose App für Android und iPhone!

Erhältlich im App Store

ANDROID APP BEI
Google play

EIN PROJEKT VON

melting elements

www.dogsplaces.de

# Gesetz & Ordnung
# Politik & Soziales

Hundeführerschein und Leinenzwang – kein Hundethema wurde in der letzten Zeit so heiß unter Münchener Bürgern diskutiert wie dieses. Doch in der Stadt passiert noch viel mehr: Wir haben die hundepolitischen Sprecher der Fraktionen nach ihren Schwerpunktthemen befragt, Schulhunde besucht und waren mit der Polizei- und der BRK-Rettungsstaffel unterwegs. Zu guter Letzt durften wir auch einen Blick hinter die Kulissen der Tiertafel München werfen. Und meinen: In München kann jeder etwas Sinnvolles für Hunde tun!

# Reizthema: Hundeführerschein und Leinenzwang in München

## Die „Neue Münchner Linie"

Canophobie versus Hundehalterlobby – Die Isarmetropole versucht einen Kompromiss. Kaum ein Hundehalter in München, der das Schicksal der kleinen Pauline aus Harlaching nicht kennt. Und jeder fragt sich: Wie konnte das passieren? Wie kann man solche Vorfälle zukünftig vermeiden?

Insgesamt 371 Vorfälle mit Hunden wurden dem Kreisverwaltungsreferat (KVR) im Jahre 2012 gemeldet. Die Zahl klingt im ersten Moment erschreckend. Bei genauer Betrachtung stellt sich aber heraus: Aufgenommen wird jede Beschwerde von Bürgern. Jeder, der sich durch einen knurrenden Hund bedroht fühlt, darf einen Vorfall melden. Auch Hunde, die sich – ob während eines Spieles oder tatsächlich aus mangelnder Sozialisation – gebissen haben, gehen in die Statistik ein. Das KVR prüft jeden einzelnen Fall auf seine Relevanz. Tatsächlich erhielten schließlich 140 Hundehalter Auflagen – das sind bei knapp 32.000 gemeldeten Hunden in München gerundet 0,4 Prozent auffällige Tiere.

Nichtsdestotrotz: Jeder gebissene Mensch ist ein Vorfall zu viel! Um Gefahren abzuwenden, hat der Münchner Stadtrat im Mai 2013 neue Regeln für das Halten von Hunden in München beschlossen. Zukünftig gilt unter anderem in der Münchener In-

nenstadt Leinenzwang für Hunde ab 50 Zentimeter Körperhöhe. Auch rund um Spielplätze müssen große Hunde künftig angeleint werden. Die entsprechende Verordnung gilt seit dem 11. Juli 2013. Zudem sollen Hundebesitzer, die freiwillig einen Hundeführerschein absolvieren, für ein Jahr von der Hundesteuer befreit werden.

Die Reaktionen auf diese Entscheidungen sind stark polarisierend. Kurz nach Bekanntgabe der sogenannten „Neuen Münchener Linie" erhielt das KVR jede Menge Zuschriften: Der Eine wollte Hunde gleich aus der Großstadt verbannen und der Andere meinte, dass sein Zamperl der Liebste der Welt sei und nun durch den neuen Beschluss unschuldig bestraft werde.

Wie schwierig es im Mai 2013 war, eine konstruktive Lösung mit Mittelmaß zu finden, zeigt ein Blick hinter die Kulissen: Viel zu viele Rahmenbedingungen schränkten eine klare Richtung ein. So sieht das bayerische Landesstraf- und verordnungsgesetz, Artikel 18, keine Leinenpflicht für Hunde unter 50 cm vor. Auch eine generelle Leinenpflicht im gesamten Stadtgebiet ist nicht möglich. Ebenso existiert in Bayern derzeit keine gesetzliche Ermächtigung für die grundsätzliche Einführung eines Hundeführerscheins für alle Halterinnen und

Halter sowie für den verpflichtenden Abschluss einer Hundehaftpflichtversicherung. Dies sind jedoch alles Punkte, über die letztendlich nicht die Stadt München, sondern nur das Bayerische Innenministerium entscheiden kann.

An weiteren Punkten wie zum Beispiel die praktischen und theoretischen Anforderungen an einen Hundeführerschein und die eventuelle Umzäunung von Spielplätzen wird aber auch noch seitens der Landeshauptstadt gearbeitet. Konkrete Änderungen lagen bis zum Redaktionsschluss noch nicht vor. Immerhin: Das KVR beschäftigt künftig vier Mitarbeiter – für den Innen- und Außendienst – die sich speziell für das Thema Hundekontrollen in München verantwortlich zeichnen.

## Die derzeitigen Änderungen im Detail:

**Leinenzwang** Grundsätzlich dürfen Hunde nach wie vor in München frei laufen. Die Anleinpflicht besteht nur an Wegen der durch grüne Poller mit einem durchgestrichenen Dackel ausgewiesenen Gebiete, in bestimmten Parks, auf Wegen von Naturschutzgebieten sowie im Bereich des öffentlichen Nahverkehrs. Verboten ist das Mitnehmen von Hunden auf Kinderspielplätze, Spiel- und

Hunde friedlich in der Stadt, auch ohne Leine ...

Liegewiesen, in Naturschutzgebieten und in der Badesaison das Baden von Hunden in allen (!) Badeseen Münchens. Neu ist der Leinenzwang für alle großen Hunde über 50 Zentimeter Schulterhöhe überall da, wo viele Menschen zusammenkommen. Hierzu gehören der Bereich innerhalb des Altstadtrings, Fußgängerzonen, verkehrsberuhigte Bereiche, Märkte und Feste. Eventuelle Änderungen hinsichtlich der Hundegröße müssen vom Bayerischen Gesetzgeber beschlossen werden.

**Hundeführerschein** Da es aufgrund der derzeitigen Gesetzeslage in Bayern nicht möglich ist, eine allgemeine Hundeführerscheinpflicht einzuführen, behilft sich die Stadt vorläufig mit dem freiwilligen Hundeführerschein. Wer ihn vorweisen kann, wird voraussichtlich für ein Jahr von der Hundesteuer (Kostenpunkt: 100 Euro) befreit. Finanzausschuss und Stadtkämmerei müssen noch ihr ok für diesen Vorschlag geben. Es ist zu erwarten, dass die Anforderungen an einen Hundeführerschein noch genau definiert werden.

**Kontrollen** Zur Überwachung der neuen Regelungen sind künftig vier neue Mitarbeiter des KVR im Innen- und Außendienst im Einsatz. Die Kontrollen erfolgen schwerpunktmäßig in den Bereichen, in denen viele Menschen zusammentreffen. Aus besonderem Anlass werden aber auch städtische Grünanlagen, für die originär die Grünanlagenaufsicht zuständig ist, überwacht. Das Verhältnis „Hundepolizei" zur Größe des Stadtgebiets ist nur ein Tropfen auf den heißen Stein. Aber immerhin: Bei Verstößen ist mit Verwarnungen und Bußgeldern zu rechnen.

# Hundeführerschein - Was sollte geprüft werden?

## Sachkenntnis ist für Hundehalter ein Muss!

Der Hundeführerschein ist eine wesentliche Basis für die Sicherheit von Mensch und Hund in der Stadt. Doch kaum, dass die Forderung nach diesem in München aktuell wurde, sprießten selbsternannte Hundefahrschulen wie Pilze aus dem Boden. Doch was sollten Hund und Halter eigentlich tatsächlich können?

„Es hilft nichts, wenn man seinen Hund mit Leckerli unter Kontrolle hält", warnt Astrid Cordova, von der Begleithundeschule Cordova aus München. Sobald irgendwo sinnbildlich ein größeres Leckerli zu haben ist, läuft der Hund weg!" Cordova setzt in ihrer Hundeschule schon seit Jahrzehnten und mit viel Erfolg auf die Vorgaben zur Begleithundeprüfung des Verbands für das Deutsche Hundewesen (VDH).

Beim VDH ist die Begleithundeprüfung die Basis für alle weiteren hundesportlichen Tätigkeiten wie Agility, Rettungshundeausbildung und vieles mehr und somit wichtigste Stufe eines mehrstufigen Ausbildungssystems. Demnach legt übrigens nicht der Hund, sondern zunächst der Halter eine schriftliche Sachkundeprüfung ab. Danach folgt ein praktischer Unterord-

nungsablauf mit und ohne Leine. Im dritten Teil werden die Verkehrssicherheit und das Wesen des Hundes geprüft.

### Der Begriff Hundeführerschein ist nicht einheitlich geregelt

Eine auf Verständnis beim Hundebesitzer setzende Variante des Hundeführerscheins bietet die Bayerische Tierärztekammer durch den „Bayerischen Hundeführerschein Grundwissen - Gefahrenvermeidung im Umgang mit Hunden" an. Hier können Hundebesitzer bei berechtigten Tierärzten zunächst eine theoretische, dann bei einigen Tierärzten zudem die praktische Prüfung „Gehorsam in städtischem Umfeld", den sogenannten Dog-Owners-Qualification-Test 2.0 (D.O.Q.-Test), ablegen. Die Idee zu dem eigens entwickelten Bayerischen Hundeführerschein entstand übrigens nicht nur aus der Notwendigkeit heraus, gesellschaftsfähige Hunde zu trainieren, sondern auch aus dem Tierschutzgedanken, dass Rasselisten, Maulkorb- und Leinenzwang nicht unbedingt zu einer Verbesserung der Situation beitragen. In Oberbayern gibt es derzeit 75 ausgebildete Tierärzte, die den D.O.Q.-Test anbieten.

Astrid Cordova in ihrer Hundeschule

## Einen Hundeführerschein kann jeder anbieten

Da der Hundeführerschein weder deutschlandweit noch in München bis dato einheitlich geregelt ist, kann fast jede Hundeschule einen solchen ausstellen. Doch man bedenke dabei, dass ein Hund dem Stadtmenschen in erster Linie als Sozialpartner dient, mit dem in die Öffentlichkeit gegangen wird. Er ist also per Definition ein Begleit- und Gesellschaftshund. Dem Hundehalter obliegt somit ein großes Maß an Verantwortung gegenüber seiner Umwelt und er sollte in allen Belangen – angefangen von der Häufchenbeseitigung bis hin zur sicheren Abrufbarkeit – zu einem harmonischen Miteinander von Mensch und Tier beitragen.

Der Gang zur nächstgelegenen Hundeschule mag für Hundebesitzer zwar ein erster Schritt in Richtung vermeintliche Sachkenntnis sein, doch sollte er bei der Wahl der Schule zumindest genau hinschauen, nach welchen Kriterien der Hundeführerschein ausgestellt wird. Sonst prüfen sich die Schulen im Endeffekt selber und haben vor allem gut verdient.

### Hundeschule Cordova

Osterwaldstraße 95, 80805 München, Mobil: 0173-9891727, Tel.: 08452-7367897 (Anrufbeantworter), Mail: info@hundeschulecordova.de, Web: www.hundeschule-cordova.de,

### Hundeschule Dr. med. vet. Hildegard Jung

Stengelstraße 6 a, 80805 München, Tel.: 089-36196939, Web: www.hildegard-jung.de

### Infos zum D.O.Q-Test

unter www.doq-test.de

### Literaturtipp

Hildegard Jung; Dorothea Döring; Ulrike Fallbesaner, „Der tut nix! - Gefahren vermeiden im Umgang mit Hunden", Ulmer Verlag, 2007

# „Beißt der?"

## Kinder lernen mit Schulhunden den richtigen Umgang mit Fellnasen

Oft ist nicht nur ein potenziell aggressiver Hund an einem Beißvorfall Schuld, sondern auch sein Gegenüber. Um hier gravierende Missverständnisse zu vermeiden, werden mittlerweile Kindergarten- und Schulkinder altersgerecht auf den Umgang mit Tieren vorbereitet.

Richtig füttern

„Macht den Baum!", ruft Dr. Hildegard Jung den Schülern der 2. Klasse der Grundschule Aschheim zu. Plötzlich bleiben alle Kinder wie angewurzelt stehen. In der sonst so lebhaften Sporthalle ist kein Mucks mehr zu hören. Cooper, der 5-jährige Bearded Collie, der heute zum Schulhundetraining dabei ist, stoppt seine lustige Verfolgungsjagd auf die rennenden Kinder, dreht sich um und schaut sein Frauchen fragend an. Fast glaubt man zu wissen, was er denkt: „Warum wollen denn die Kinder plötzlich nicht mehr mit mir spielen?".

Der sogenannte Baum, das Stehenbleiben mit an den Körper angelegten Armen ist ein wichtiges, bildhaftes Element für die Kinder, um Gefahrensituationen mit Hunden zu vermeiden. Die Tierärztin und Verhaltenstherapeutin Dr. Hildegard Jung hat auf Basis des weltweit etablierten Bisspräventionsprogramms „Blue Dog" – einem computergestützten Lernprogramm für Drei- bis Sechsjährige und ihre Eltern – in Zusammenarbeit mit Pädagogen das praktische Trainingsprogramm „Beißt der?" in einer Anfängerversion für Kindergartenkinder und in einer Vollversion für Schüler von sieben und acht Jahren ins Leben gerufen. Ziel ist es, Kindern Sicherheit im Umgang mit Hunden zu vermitteln. Denn gerade der Nachwuchs zwischen drei und sieben Jahren wird besonders häufig von Hunden gebissen. In beiden Programmen lernen die Kinder spielerisch, wie ein Hund denkt und reagiert. Ihnen werden Ängste genommen und sie erfahren, wie man sich bekannten und auch fremden Hunden gegenüber richtig verhält.

### Lernen mit Plüschtieren

Zunächst werden den Kindern an einem knuddeligen Plüschhund in Lebensgröße – der vom Schulhundetrainer bewegt wird – instinktive Verhaltensweisen von Vierbeinern vorgeführt. So lässt zum Beispiel der

Dr. Hildegard Jung führt den Tante-Erna-Griff vor

typische „Tante-Erna-Tätschelgriff auf den Kopf" die Hundenase nach oben gehen und den Fang frei sichtbar werden. In der Praxisübung dürfen die Kinder zwar den Hund streicheln und, wenn sie wollen, auch füttern, doch ohne vorherige Anfrage beim Hundehalter bekommen sie vom Trainer eine Absage.

Das Schulhundetraining dauert jeweils knapp eine Stunde an zwei Tagen. Bevor die – natürlich perfekt ausgebildeten Hunde – in die interessierten Schulen gelassen werden, erhalten auch deren Lehrer eine ausgiebige Hundeschulung. Und das hat sich bewährt. Denn vielen Erwachsenen – sofern sie selbst nicht mit Tieren leben – fehlt die notwendige Sensibilität im Umgang mit Fellnasen.

## Dr. med. vet. Hildegard Jung

Stengelstraße 6 a, 80805 München, Tel.: 089-36 193 939, Web: www.beisst-der.info, www.schulhunde.de

## Helfer auf vier Pfoten

Web: www.helfer-auf-vier-pfoten.de

## Literaturtipp

Hildegard Jung; Kendal Shepard (England); Tiny De Keuster (Belgien) „Der Blaue Hund - So spielen Kleinkinder sicher mit dem Familienhund", Moritz Verlag, 2007

# „Der tut nix!" – Und wenn doch?

## Rechtsanwalt René Thalwitzer über die Fallstricke des Hunderechts

Der tut nix – oder doch?

Hunde sind unsere treuen Begleiter. Das Zusammenleben mit ihnen bereitet in erster Linie große Freude und bereichert unseren Alltag – keine Frage. Aber: Hunde eröffnen heutzutage auch eine na-hezu unüberschaubare Anzahl von Rechtsfragen und Problemen, in de-nen sich kompetenter Rechts-rat bewährt. Zunehmend gibt es deshalb auch spezialisierte Anwälte, die sich mit den Fallstricken des „Hunderechts" beschäftigen. Tieranwälte helfen zum Beispiel bei Problemen wie z.B. der Tierhalter-haftung, dem Tierkauf sowie der Tiermängelgewährleistung, bei Fragen zur Haltung von Hunden in Mietwohnungen oder bei der rechtlichen Behandlung des Hundes bei einer Scheidung.

Es ist leicht möglich als Hundehalter mit dem Gesetz in Konflikt zu kommen. Im Hunderecht gibt es viele Konstellationen, in denen eine sog. Tierhalterhaftung möglich ist. Der Hund ist nicht nur der bes-te Freund des Menschen, sondern auch ein Lebewesen, das in unterschiedlichen Situationen unterschiedlich und nicht immer vorhersehbar reagiert. Die Tierhalterhaftung ist in § 833 BGB geregelt und als sog. Gefährdungshaftung ausgestaltet. Danach haftet der Halter eines Hundes allein aufgrund der Gefährlichkeit seines Tieres grundsätzlich für alle Schäden, die der Vierbeiner verursacht. Eigenart dieser Gefährdungshaftung ist, dass es auf ein Verschulden des Hunde-halters nicht ankommt. Allein die Tatsache, dass man ein Tier hält, begründet die Haf-tung für durch das Tier verursachte Schä-den. Ein Hundehalter haftet also auch dann, wenn er das Tier gut erzieht und sorgsam be-aufsichtigt. Für jeden von einem Hund verur-sachten Schaden haftet sein Halter, egal ob dieser irgendetwas falsch gemacht hat oder nicht. Diese Tierhalterhaftung kann also selbst den reichsten Hundebesitzer in den finanziellen Ruin treiben: Im schlimmsten Fall kommt es zu einem Millionenschaden – wenn der Hund etwa einen Verkehrsunfall verursacht, bei dem es zu einer Massenka-rambolage kommt. Dabei gilt es zu beachten, dass man persönlich nicht nur für die be-schädigten Fahrzeuge, sondern insbesonde-re auch für Schäden der verletzten Verkehrs-teilnehmer wie z.B. Heilbehandlungskosten aufkommen muss. Damit ist die Haltung ei-nes Hundes mit finanziellen Risiken wie der Zahlung von Schadenser-satz und Schmer-zensgeld verbunden, weshalb man als Hun-dehalter eine Tierhalterhaftpflichtversiche-rung abschließen sollte – vielfach ist das sogar gesetzlich vorgeschrieben.

## Nicht immer voller Schadensersatz

Ist der Hundehalter haftpflichtversichert, ist diese im Versicherungsfall einstands-pflichtig und muss eingetretene Schäden grundsätzlich ersetzen, so z.B. wenn der Hund ein anderes Tier oder einen Men-schen beißt. Aber auch hier ist Vorsicht geboten: Der Geschädigte kann nur dann vollen Scha-denersatz verlangen, wenn ihn kein Mitverschulden trifft. Streichelt man einen fremden Hund, der daraufhin zu-

beißt, muss man damit rechnen, dass man nur einen Teil des Schadens ersetzt be-kommt. Gleiches gilt nach der Rechtspre-chung für denjenigen, der in eine Ausein-andersetzung zwischen Hunden eingreift, um die Tiere zu trennen.

Viele Hundehalter sind sich auch nicht be-wusst, dass sie sich durch ein Hinweis-schild „Vorsicht! Bissiger Hund" nicht von jedweder Haftung befreien können. Dies wird an dem Beispiel eines Kleinkindes deutlich, dass ein solches Schild gar nicht lesen kann. Generell gilt: Nicht Schilder machen das Recht, sondern der Gesetzge-ber und die Gerichte.

# Standpunkte

## Das sagen die Parteien zum Thema Hundepolitik

**Interview mit Bettina Messinger, tierschutzpolitische Sprecherin der SPD-Stadtratsfraktion**

Bettina Messinger mit ihrer Mischlingshündin Siska

*Welchen Stellenwert haben Hunde in München?*

München ist eine hundefreundliche Stadt. Wir haben 2010 den Goldenen Fressnapf erhalten, was unser Oberbürgermeister Christian Ude damals mit den Worten „Ich wäre traurig, wenn München diesen Preis nicht gewonnen hätte", kommentierte.

Nicht umsonst verlieh uns auch dogs den Titel „Hundefreundlichste Stadt Deutschlands". Und genau dieses entspannte Zusammenleben von Mensch und Hund erlebe ich tagtäglich, wenn ich mit meiner Hündin Siska in München unterwegs bin.

*Welches Hundethema liegt Ihnen besonders am Herzen?*

Ich wünsche mir, dass Kinder schon in der Schule den richtigen Umgang mit Hunden lernen. Denn wer nicht das Glück hat, mit einem Hund aufzuwachsen, muss woanders erfahren wie man sich Hunden gegenüber richtig verhält. Zudem wünsche ich mir, dass es mehr Alten- und Pflegeheime gibt, bei denen die Möglichkeit besteht, das eigene Tier mitzunehmen. Senioren mit Heimtieren sind aktiver, am Leben interessierter und bleiben gesünder.

*Auf welche Münchener Hundepolitik/Besonderheit sind Sie besonders stolz?*

Es freut mich, dass der Stadtrat den Zuschuss an das Tierheim München auf jährlich 862.000 Euro erhöht hat. Dieser Zuschuss wird dem Verbraucherpreisindex und der Bevölkerungsanzahl angepasst. Im Städtevergleich sind wir da an der Spitze mit 0,60 Euro pro Einwohner. Besonders hervorzuheben ist in München, dass bei den öffentlichen Verkehrsmitteln pro Fahrgast ein Hund kostenlos mitgenommen werden darf. Hunde in

München haben sogar im Zoo und im Botanischen Garten Zutrittserlaubnis.

### Ist die Hundesteuer in München angemessen?

Wie jede Steuer ist sie eine öffentlich-rechtliche Abgabe, der keine bestimmte Leistung gegenübersteht. Trotzdem entstehen der Allgemeinheit Kosten durch die Hundehaltung. Die Hundekottütenspender müssen regelmäßig bestückt werden. Täglich fallen zusätzlich mindestens sechs Tonnen Hundekot in München an, die entsorgt werden müssen. Im Vergleich mit anderen Großstädten ist die Hundesteuer in München mit 100 Euro pro Jahr moderat. Außerdem erheben wir keine höhere Steuer bei Mehrfachhundehaltung. Und es gibt einige Möglichkeiten auf Antrag einen Erlass oder eine Befreiung von der Hundesteuer zu erhalten.

### Hundeführerschein – wie stehen Sie dazu?

Grundsätzliche Kenntnisse zu Hundeerziehung und -verhalten sind für jeden Hundehalter wichtig. Wer einen Hundeführerschein macht, lernt wie man sich richtig mit seinem Hund verhält und versteht das Verhalten von Hunden besser. Damit noch mehr Hundebesitzer einen solchen Führerschein ablegen, sollte die Stadt dies fördern, z. B. durch Reduzierung der Hundesteuer.

### Leinenpflicht – was halten Sie davon?

Ich halte die Regelung Freilauf mit Einschränkungen und Verbotszonen für sinnvoll. Es gibt bestimmte Bereiche, wo das Anleinen sinnvoll ist, z. B. rund um Kinderspielplätze, Fußgängerzonen, öffentlichen Großveranstaltungen, Märkte und im öffentlichen Personennahverkehr. Auf Kinderspielplätzen, gekennzeichneten Spiel- und Liegewiesen, Zieranlagen und Biotopen sollte es selbstverständlich sein, seinen Hund nicht hinzulassen. So wird auf Personen Rücksicht genommen, die eine Wiese ohne Hunde wollen und es gibt trotzdem Auslaufmöglichkeiten für Hunde – eine sehr sinnvolle Lösung finde ich.

### Was wünschen Sie sich von den Münchener Bürgern – mit und ohne Hund zum Thema Hunde in München?

Meine Erfahrung ist, dass immer mehr Hundebesitzer die Häufchen ihrer Hunde wegräumen. Über 400 Hundekotbeutelspender hat die Stadt in München aufgestellt. Mein Wunsch ist, dass es für jeden Hundehalter absolut selbstverständlich ist, die Hinterlassenschaften seines Hundes wegzuräumen, so dass deshalb auf den Bürgerversammlungen keine Beschwerden mehr nötig sind. Übrigens: Wem beim Bücken und Aufheben ein älterer, fremder Haufen auffällt, kann diesen doch gleich mit einsammeln, oder?
Ein weiteres Thema: Die vielen Tiere, die im Tierheim untergebracht werden, liegen mir besonders am Herzen. Deshalb wünsche ich mir, dass kein Tier unüberlegt angeschafft wird. Und: Bevor man sich einen Hund zulegt, immer im Tierheim vorbeischauen. Dort finden sich auch Rassehunde und junge Hunde, die dringend ein neues Zuhause suchen. Mit meiner Hündin Siska habe ich die besten Erfahrungen damit gemacht.

## Interview mit Dr. Evelyne Menges, Stadträtin, Tierschutzbeauftragte der CSU

Stadträtin Dr. Evelyne Menges mit ihrer Königspudeldame Chiara Mia

*Welchen Stellenwert haben Hunde in München?*

München ist eine sehr hundefreundliche Stadt und sehr tierlieb. Die Menschen sind tolerant und die Hundehalter „gut erzogen" und räumen die Hinterlassenschaften ihrer Vierbeiner überwiegend auch auf.

*Welches Hundethema liegt Ihnen besonders am Herzen?*

Ein tierärztlicher Notdienst für alle Tiere. Meine Königspudelhündin Morle war als Welpe sehr krank. Damals musste ich oft nachts in die Tierklinik und habe festgestellt, dass es keinen Notarzt für

Tiere gibt. So habe ich vor gut zehn Jahren mit Prof. Dr. Henning Wiesner und Prof. Dr. Ulrike Matis die erste tierärztliche Ambulanz als gemeinnützigen Verein in Deutschland gegründet. Morle starb leider mit 15,5 Jahren im Sommer 2012. Unser neuestes Ambulanzfahrzeug ist nach ihr benannt. So bleibt sie mit uns allen immer verbunden.

*Auf welche Münchener Hundepolitik/Besonderheit sind Sie besonders stolz?*

Im Jahr 2008 hat die von mir initiierte Aktion Bürgerpark Englischer Garten verhindern können, dass ein drohender Leinenzwang im Englischen Garten mit Bußgeldern versehen wird. Dabei ging es aber auch darum, dass der Englische Garten, der uns Bürgern gehört, nicht reglementiert wird, d. h., dass es eben nicht vorgeschrieben wird, wo man nur spazieren gehen darf, wo man nur sonnenbaden darf, wo man nur joggen darf. Leben und leben lassen – das ist das Bayerische Lebensgefühl. Das darf man sich nicht kaputt machen lassen.

*Ist die Hundesteuer in München angemessen?*

Die Hundesteuer ist viel zu hoch, gemessen daran, dass dieses Geld nicht dafür verwendet wird, zusätzliche Abfallkörbe für die Hundehalter aufzustellen. In der Stadt muss der Hundehalter oft Kilometer lang das „Säckchen" tragen, ehe er es entsorgen kann.

*Hundeführerschein – wie stehen Sie dazu?*

Ich selbst habe den Sachkundenachweis – auch Hundeführerschein – vor Jahren gemacht und sehr viel dazu gelernt. Politisch sehe ich einen solchen Hundeführerschein als Voraussetzung für den Erwerb eines Hundes sehr sinnvoll. Wer nicht die Zeit in Kauf nehmen möchte, etwas über das Wesen des Hundes dazuzulernen, sollte sich keinen Hund anschaffen. Der Hundeführerschein dient auch dem friedlichen Miteinander von Hundebesitzern und Nicht-Hundebesitzern.

*Leinenpflicht – was halten Sie davon?*

Vor Jahren habe ich den Stadtrat davon überzeugen können, dass es eine ausnahmslose Leinenpflicht im Bereich des ÖPNV geben muss. Die Leine ist keine Einschränkung für Hunde, sondern eine Sicherheit, z. B. dafür, dass sie nicht in die Gleisbereiche gelangen. Aber auch Menschen, die vor Hunden Angst haben, fühlen sich sicherer, wenn ein Hund in dem engen Bereich der U-Bahn angeleint ist. Ansonsten ist eine Leinenpflicht wie sie in anderen Städten praktiziert wird, inakzeptabel.

*Was wünschen Sie sich von den Münchener Bürgern – mit und ohne Hund zum Thema Hunde in München?*

Leben und leben lassen – das ist München. Und so sollte das Verhältnis weiterhin mit einem Miteinander von wechselseitiger (!!!) Rücksichtnahme geprägt sein. Hunde dürfen weder Jogger, Radlfahrer noch Kinder anspringen. Aber auch Radlfahrer dürfen nicht rücksichtslos in Parks alles umfahren, was sich ihnen in den Weg stellt.

## Interview mit Jörg Hoffmann, hundepolitischer Vertreter der FDP im Kreisverwaltungsausschuss der LHM

Dr. Jörg Hoffmann

*Welchen Stellenwert haben Hunde in München?*

Hunde sind für viele Menschen wichtige Begleiter. Sie spielen daher auch in München eine große Rolle.

*Welches Hundethema liegt Ihnen besonders am Herzen? Und was ist Ihr Vorschlag diesbezüglich?*

Die Interaktion zwischen kleinen Kindern und Hunden. Hier muss klar geregelt sein, dass unangeleinte Hunde in der

Gegenwart von fremden Kindern nichts zu suchen haben. Leider führen immer wieder Hundehalter ihre Hunde auch auf den Spielplätzen spazieren.

*Auf welche Münchener Hundepolitik/Besonderheit sind Sie besonders stolz?*
Leinenpflicht mit Augenmaß.

*Ist die Hundesteuer in München angemessen?*
Ja.

*Hundeführerschein – wie stehen Sie dazu?*
Sicher eine gute Idee. Hundehalter sollten bestimmte Kenntnisse nachweisen. Ein gemeinsamer Führerschein für den Halter und seinen Hund ist aber nur für junge Hunde umsetzbar.

*Leinenpflicht - was halten Sie davon?*
Wir haben in München eine Leinenpflicht mit Augenmaß (siehe oben). Wir müssen aber auch darauf achten, dass sie umgesetzt und eingehalten wird.

*Was wünschen Sie sich von den Münchener Bürgern – mit und ohne Hund zum Thema Hunde in München?*
Rücksichtsvolle Koexistenz. Und hier mein besonderer Lese-Tipp: Das Buch „Herr und Hund" von Thomas Mann. Thomas Mann beschreibt in seiner Erzählung seine Spaziergänge mit Hund in Bogenhausen.

## Interview mit Dr. Florian Vogel, Stadtrat der Landeshauptstadt München, Fraktion Bündnis 90/ Die Grünen – Rosa Liste

Dr. Florian Vogel

*Welchen Stellenwert haben Hunde in München?*
Einen sehr großen. Das ist gut, solange Hunde nicht vermenschlicht werden und nicht soziale Kontakte ersetzen.

*Welches Hundethema liegt Ihnen besonders am Herzen?*
Die Einführung des Hundeführerscheins, die ich bereits im Stadtrat beantragt habe. Mir ist wichtig, dass Hundehalterinnen und -halter verantwortlich mit ihrem Tier umgehen und dazu das nötige „Grundlagenwissen" vorweisen. Umgekehrt gibt ein Hundeführerschein auch mehr Sicherheit in der Haltung des Tieres und trägt somit dazu bei, dass es zu weniger Zwischenfällen kommt.

*Auf welche Münchener Hundepolitik/Besonderheit sind Sie besonders stolz?*
Dass die Stadt München wahrscheinlich demnächst auf meinen Antrag hin

einen freiwilligen Hundeführerschein einführt.

*Ist die Hundesteuer in München angemessen?*

Ist sie. Durch Hunde entstehen der Allgemeinheit kosten, die zumindest zu einem Teil von den Tierhalterinnen und -haltern getragen werden sollten. Die jährliche Hundesteuer von 100 Euro in München halte ich für moderat und angemessen. Mein Vorschlag wäre jedoch, Inhabern eines Hundeführerscheins einen Teil der Steuer zu erlassen – z. B. für ein Jahr.

*Hundeführerschein – Wie stehen Sie dazu?*

s. oben.

*Leinenpflicht – was halten Sie davon?*

In sensiblen Bereichen und überall dort, wo sich sehr viele Menschen aufhalten (Feste, Fußgängerzone etc.), ist die Leinenpflicht sinnvoll. Ansonsten bin ich für eine möglichst liberale Auslegung.

*Was wünschen Sie sich von den Münchener Bürgern – mit und ohne Hund zum Thema Hunde in München?*

Die Debatte über Hundehaltung in München wird teilweise sehr extrem (in beide Richtungen) und ideologisiert geführt. Das sehe ich an Zuschriften aus der Bürgerschaft. Ich wünsche mir deshalb mehr gegenseitiges Verständnis.

## Interview mit Brigitte Wolf, Stadtratsgruppe der LINKEN im Münchner Stadtrat

Brigitte Wolf von den Linken

*Welchen Stellenwert haben Hunde in München?*

Einerseits sind Hunde be- und geliebte Weggefährten zahlreicher Münchnerinnen und Münchner. Besonders für ältere Menschen sind sie oft der Anlass dafür, Kontakte mit anderen Hundehaltern zu pflegen und etwas für ihre eigene Gesundheit zu tun. Auf der anderen Seite wird es immer schwieriger, einen Hund artgerecht im immer dichter bebauten München zu halten. Viele unterschätzen den Zeitaufwand und sehen Hunde als reines Spielzeug. Deshalb landen auch viel zu viele Hunde im Tierheim.

*Welches Hundethema liegt Ihnen besonders am Herzen? Und was ist Ihr Vorschlag diesbezüglich?*

Keines. Das Thema Hunde taucht in unserer Stadtratsarbeit eher im Zusammenhang mit sozialen Fragen auf.

*Auf welche Münchener Hundepolitik/Besonderheit sind Sie besonders stolz?*

Auf das relativ entspannte Gewusel von Mensch und Hund an der renaturierten Isar südlich der Corneliusbrücke.

*Ist die Hundesteuer in München angemessen?*

Eine Hundesteuer halte ich für unnötig und unsozial. Wichtiger wäre eine Anmeldepflicht zusammen mit dem Thema ‚Hundeführerschein'. Die Einnahmen aus der Hundesteuer reichen bei weitem nicht, um die Hinterlassenschaften der Hunde zu beseitigen. Hier sind die ‚Herrchen' und ‚Frauchen' selbst gefragt – leider wird dies allzu oft ‚der Stadt' überlassen.

*Hundeführerschein – ein Thema für München?*

Eine Hundeführerschein sollte Pflicht werden für alle, die sich das erste Mal einen Hund anschaffen. Meine Hoffnung ist, dass damit zahlreiche Konflikte mit Menschen und anderen Hunden vermieden werden könnten. Zudem bestünde die Chance, durch Aufklärung eine überstürzte Anschaffung oder auch Fehlbehandlungen von Hunden zu vermeiden, die durchaus auch in den Bereich ‚Tierquälerei' hineinreichen können.

*Leinenpflicht - was halten Sie davon?*

Eine Leinenpflicht im Straßenraum und auf öffentlichen Plätzen fände ich angebracht. Es gibt einfach zu wenig Hunde, die verlässlich ihrem ‚Herrchen' oder ‚Frauchen' folgen. Auf der anderen Seite braucht es für eine artgerechte Haltung auch die Möglichkeit eines Freilaufs.

Deshalb sollte an der Isar oder auch im Englischen Garten keine Leinenpflicht eingeführt werden.

*Was wünschen Sie sich von den Münchener Bürgern – mit und ohne Hund zum Thema Hunde in München?*

Die Erkenntnis, dass Hunde keine Spielzeuge sind. Und die Erkenntnis, dass in aller Regel nicht der Hund, sondern der Mensch das Problem ist.

# Leben im Dunkeln

## Mit Assistenzhund in der Stadt

Ein Hund kann mehr, als wir ihm zutrauen. Der Beweis: Assistenz- und Blindenführhunde. „Führhunde haben gelernt zu lernen", erklärt Martina Hellriegel den Unterschied zum normalen Familienhund. Die Münchenerin ist seit über zehn Jahren glückliche Führhundebesitzerin von dem mittlerweile berenteten Australian Shepard Falko und seit einem Jahr von der Golden Retriever-Schäferhundmixdame Phoenix. Die lange und aufwendige Ausbildung – mit dem Risiko, in einen eventuell als Führhund später nicht geeigneten Vierbeiner Zeit investiert zu haben – machen die Hunde sehr teuer. Im Schnitt eignen sich nur zwei von zehn Hunden zum wirklich guten Führhund. Um die 25.000 Euro kostet deshalb ein ausgebildeter Blindenhund. Den Preis übernimmt – nach reichlich formalem Aufwand – die gesetzliche Krankenkasse und, je nach Vertrag, auch eine private Krankenversicherung.

Martina Hellriegel ist seit ihrem vierten Lebensjahr aufgrund einer Viruserkrankung sehbehindert. Mittlerweile nimmt sie nur noch helle und dunkle Punkte wahr. Doch wie ist das Leben im Dunkeln und wo kann ein Hund da helfen? Die aufgeschlossene Hundebesitzerin nahm uns einen Tag mit in ihren Alltag mit Führhund. Wir holten sie von ihrer Arbeit bei der Landeshauptstadt München ab, begleiteten sie durch die Stadt und sprachen vor allem über Hunde. „Wissen Sie, wo am Marienplatz der Aufzug ist?", fragt Hellriegel als erstes. „Nein, zumindest nicht auf Anhieb", müssen wir zugeben, wir benutzen ihn ja nie ... „Sehen Sie, meine Hunde wissen das", fügt Hellriegel stolz hinzu. Kurz darauf stellt sie fest: „Übrigens, ich habe meine Sprache aufgrund der Sehbehinderung nicht umgestellt, ich sage immer noch ‚Auf Wiedersehen' und ich ‚schaue auch fern'". Diese Aufgeschlossenheit nimmt die Hemmung, eine eventuell etwas unpassende Frage zu stellen. „Fragen Sie lieber einmal zu viel, als wenn etwas im Dunkeln bleibt!" Und wieder ist es da, das Wortspiel mit dem Sehen.

## Assistenzhunde kennen bis zu 76 Hörzeichen

Hellriegels Hunde können circa 30 Begriffe und einige Fernziele. Manche Hunde schaffen an die 76 Hörzeichen. Falko hat

Martina Hellriegel am Lift zur U-Bahn Marienplatz

sogar noch italienisch gelernt, nachdem Phoenix auf italienische Befehle ausgebildet wurde. Schon nach zwei Tagen wusste er, dass ‚sinistra' ‚links' bedeutet. In die Arbeit und nach Hause würden die Hunde fast ohne Befehle finden. Sie müssen aber wissen, wer am Ende des Führgestells der Chef ist. „Ich gebe das Kommando wo es langgeht, und der Hund muss auf mich hören! Und, falls ich mal nicht aufpasse", erzählt Hellriegel von ihrem lustigen Hundegespann, „kann es schon mal sein, dass der Hund mich dahin führt, wo es ihm am besten gefällt, zum Beispiel zu seinem Lieblingsmetzger. Bin ich aber zu aktiv und leite zu früh eine Rechts- oder Linksbewegung ein, hört der Hund mit der Zeit auf zu denken und lässt mich führen. Das kann fatal enden. Treppen, Bürgersteige, Autos, Radler – überall lauern für mich Unfallge-

fahren." Unfallvermeidung war auch der Grund, warum ihr letztendlich die Hunde von der Krankenkasse zugesprochen wurden. „Es hat lange gedauert, bis ich eingesehen habe, dass ein Sehbehinderter nicht das kann, was ein Sehender kann, aber auch nicht das, was ein Blinder kann!" berichtet Hellriegel aus ihrem Leben. Erst als ihr dies bewusst wurde, fing sie mit Mobilitäts- und Orientierungstraining an und lernte den Langstock zu nutzen. All dies sind Voraussetzungen, um eines Tages einen Führhund zu erhalten.

## Intensive Ausbildung

Der Hund selbst verbringt sein erstes Lebensjahr in einer ausgewählten Patenfamilie. Er soll Autos, Straßenbahnen, Kinder, belebte Plätze und andere Tiere kennenlernen. Nichts darf ihm Angst machen. Dann folgen einige Monate intensiver Schulungen beim Führhundetrainer. Der Hund muss zudem einige Tests und ausgiebige Tierarztuntersuchungen über sich ergehen lassen. Sein Wesen wird auf Nervenfestigkeit, Ängstlichkeit, Aggressionsverhalten, Jagdtrieb und Verhalten gegenüber Menschen beobachtet. Und: Er lernt den neuen Besitzer kennen. Hier wird geschaut, ob die Chemie passt. Die Einarbeitungszeit mit dem neuen Besitzer dauert circa drei Wochen. Zunächst lernt sich das neue Team ein paar Tage lang am Ausbildungsort kennen. Die verschiedenen Befehle werden eingeübt. Dann geht es zum Wohnort des neuen Halters und die Alltagswege werden eintrainiert. Die Wege würde ein halbwegs intelligenter Hund nach kürzester Zeit sicher auch finden, doch Führhunde können mehr: Sie umschiffen Höhenhindernisse wie zum Beispiel Schranken oder Radsperren, umgehen Straßenschilder, halten an Pfützen, suchen freie Sitzplätze in der Bahn und auch Treppen, Fahrstühle, Briefkästen und vieles mehr. Sogar in einer fremden Stadt führt der Hund durch den Straßenverkehr und er findet – sofern dies geübt wurde – sogar Apotheken. Denn diesen Befehl verknüpft er mit dem besonderen Geruch, der von den Pharmaprodukten ausgeht. Doch der Hund muss auch verweigern: Nämlich, wenn vom Befehl eine Gefahr wie z. B. ein herannahendes Auto oder ein Abgrund ausgeht.

## GPS für Sehbehinderte

Mittlerweile gibt es für Sehbehinderte sogar GPS-Geräte. Per Kopfhörer erhält der Mensch die Navigationsrichtung angesagt, die er dann an seinen Hund weitergibt. So

Das Überqueren der Straße ist ein Geduldsspiel

kommt das Gespann punktgenau ans Ziel. Hellriegel besitzt auch ein Blindennavi, doch sie hat die Gebrauchsanleitung noch nicht abgehört. Den Text über die Assistenzhunde kann sie übrigens per Mail erhalten: Sprachausgabe, Qwertz-Tastatur und Brailleschrift machen es möglich.

Hellriegel engagiert sich ehrenamtlich beim Bayerischen Blinden- und Sehbehinderten Bund (BBSB), der sich unter anderem dafür einsetzt, dass in der Praxis das durchgeführt werden kann, was gesetzlich schon lange entschieden ist: Die Mitnahme von Führhunden in Flugzeuge, Krankenhäuser, Kirchen, Ämter, Hotels, und vieles mehr.

Einen besonderen Appell möchte die Führhundebesitzerin noch an alle Hundeliebhaber richten: Wenn sie ihren Hund am Gestell hat, ist er im Dienst, d. h.: Er darf nicht abgelenkt werden! Bitte streicheln Sie den Hund nicht und nehmen Sie Ihren eigenen Hund an die Leine – so kann der Blindenhund in Ruhe seiner verantwortungsvollen Aufgabe nachgehen.

**Bayerischer Blinden- u. Sehbehindertenbund e.V.**

Arnulfstraße 22, 80335 München, Tel.: 089-55988-0, Fax: 089-55988-266, Mail: muenchen@bbsb.org, Web: www.bbsb.org

# Polizeihunde sind kein Streichelzoo

## Staffeltraining im alten Polizeirevier

„Achtung! Hier spricht die Polizei, kommen Sie raus oder ich lasse den Hund frei!" Laut hallt die Stimme von Polizeihundeführer Ernst Schach durch das Übungsgebäude. Seine zweieinhalbjährige Schäferhunddame ist einsatzbereit: Der Körper ist gespannt bis in die Krallenspitzen, ein tiefes Grollen wechselt sich mit kurzem, nervösem Bellen ab. Spätestens jetzt sollte sich ein potenzieller Täter ergeben. Denn frei gelassen ist Tina nur mehr durch Schach selbst zu bändigen. Der Münchener Diensthundeführer spricht eine letzte Warnung aus und lässt die Hündin los. Aufgedreht spurtet sie durch den Gang des ersten Stockes. Sucht Zimmer für Zimmer ab. Tina muss ihr Herrchen beschützen. Jeder Winkel, der vor ihm liegt, wird ab-

Fotoshooting nach dem Training

gesucht. So kann sich der Hundeführer sicher – ohne hinterrücks von einem Täter angegriffen zu werden – durch das Gebäude bewegen. Gelegentlich gibt Schach kleine Kommandos, zum Beispiel, wenn Tina einen Raum vergessen hat oder eindeutig nichts zu finden ist. Der Bereich direkt hinter dem Hundeführer ist für den Schutzhund Tabuzone. Nur hier kann sich die Polizeihauptmeisterin und heutige Übungsleiterin Marina Deger bewegen. Eine Vorwärtsbewegung zu viel, und die Schäferhündin packt die Ausbilderin, statt der gesuchten Person.

Im zweiten Stock wird Tina fündig. Diensthundeführerin Silke Wolf hat sich unter

Aristo hat eine verdächtige Person aufgespürt

einem Bett versteckt. Erst als der Hund gesichert ist, kommt Wolf mit erhobenen Händen aus ihrem Versteck hervor. Obwohl das Team des Öfteren miteinander trainiert, würde die Hündin – wenn sie könnte – die sich bewegende Polizistin packen. Schließlich ist die Fellnase im Dienst!

## Polizeihunde haben eine lange Tradition

Seit über 100 Jahren schon werden Hunde im Polizeidienst eingesetzt. Dank ihrer hervorragenden Riechzellen – zum Vergleich: ein Schäferhund hat 220 Millionen und ein Mensch nur fünf Millionen Riechzellen – eignen sich Hunde perfekt als Spürhund. Ob Personen, Rauschgift, Spreng-

stoff, Leichen, Geld u.v.m. – nichts bleibt ihrem feinen Geruchssinn verborgen. Wobei ein Sprengstoffspürhund nicht gleichzeitig Geldmittel oder Drogenspürhund sein kann.

Der ausgeprägte Schutztrieb in Verbindung mit entsprechender Ausbildung lassen Hunde juristisch zu einem „Hilfsmittel der körperlichen Gewalt" werden. Dementsprechend zählen sie zu Kampfhunden der Klasse III. Grundsätzlich als Polizeihund zugelassen ist der Airdale Terrier, Bouvier de Flandres, Deutscher Boxer und Schäferhund, Dobermann, Hollandes Herdershond, Hovawart, Malinois und Riesenschnauzer. Wobei in Bayern fast ausschließlich Schäferhunde eingesetzt werden.

Silke Wolf spricht eine letzte Warnung aus, bevor sie ihren Hund frei lässt

Doch: Polizeihunde sind keine wilden Beißmaschinen! Sie können Dienst und Freizeit unterscheiden. Während man einen Polizeihund im Einsatz möglichst in Ruhe lassen sollte, lebt er friedlich und verspielt in den Familien der Hundeführer. Und das Beste – davon können private Hundehalter nur träumen – sie gehorchen sekundenschnell auf den Befehl des Besitzers.

Allen Vorurteilen zum Trotz werden Polizeihunde heutzutage übrigens mit positiver Verstärkung ausgebildet. Denn Angst, so hat sich auch im Polizeidienst gezeigt, ist ein schlechter Lehrmeister.

Die Polizeihunde in Bayern werden im Fortbildungsinstitut von Herzogau ausgebildet. Zunächst durchlaufen sie eine sechswöchige Grundausbildung. Danach folgt die acht- bis dreizehnwöchige Spezialausbildung. Übrigens erhält auch jeder Erstlingshundeführer eine intensive Schulung. Schließlich muss er seinen Hund jederzeit unter Kontrolle haben.

# Unterwegs mit der Rettungshundestaffel vom Bayerischen Roten Kreuz

## Übung für den Ernstfall

„Bei uns geht es um die Menschen in Not, nicht um Hundebespaßung", betont Frank Singer, Leiter der BRK-Rettungshundestaffel München, sein ehrenamtliches Aufgabengebiet. Somit ist klar: Suchhunde in Rettungsstaffeln brauchen ein dickes Fell. Natürlich macht den Hunden die Arbeit Spaß. Für sie ist es auch letztendlich das Gleiche, ob sie im Ernstfall oder in einer Übung unterwegs sind, einzig die Nervosität des Hundeführers bekommen sie im konkreten Fall zu spüren.

Und dies können nächtliche Suchen nach vermissten Personen, Verschüttete nach Erdbeben, Lawinenabgängen oder Explosionen und auch Wassersuchen nach Menschen sein. Wichtige Voraussetzungen sind, dass Hund und Führer ein perfektes Team bilden, sie auch mit anderen Hilfskräften reibungslos zusammenarbeiten und vor allem, dass der Hund die Freude an der Arbeit beibehält. Deshalb werden die Vierbeiner auch nach jedem Fund mit Spielen oder Leckerlis belohnt.

Wir treffen uns im Münchener Norden, im Schweizer Holz. Lange war der Übungsort aufgrund von Giftködern in Münchener Auslaufgebieten nicht klar. Wie schäbig von den Hundehassern! Hoffentlich kommen sie niemals in die Verlegenheit, auf die Hilfe einer Spürnase angewiesen zu sein.

## Einzeltraining

Geduldig wartet die bunt gemischte Gruppe an Rettungshunden in den Autos ihrer Besitzer auf den Einsatz. Jeder Hund erhält seinen eigenen Trainings-Slot. Sobald das Rettungshundegeschirr angelegt wird, weiß das Tier, dass es losgeht. Den Anfang macht heute Mischlingshund Paul. Die Fred & Otto-Fotografin hockt mit ihrer Kamera hinter

Hubert Wurzacher schickt Ascan auf die Suche

Ascan hat das „Opfer" gefunden

dem potenziellen Opfer auf den Boden. Paul läuft los, rennt am Opfer vorbei und spürt sie auf. Na klar: Woher soll er denn wissen, wen er anzeigen soll? So kann auch im Ernstfall schon mal ein Liebespaar im Gebüsch oder ein Obdachloser bei der Suche nach der vermissten Person gefunden werden.

Jeder der 22 Rettungshunde der BRK-Staffel aus München erhält übrigens ein individuelles Training. Während zum Beispiel das einjährige Labradormädel Jamie vom

Führerteam begleitet und noch mit bunten Püppchen belohnt wird, lässt der erfahrene Hundeführer Hubert Wurzacher seinen routinierten Labrador Retriever Ascan fast alleine suchen.

Im Ernstfall sucht ein Hund circa 50.000 Quadratmeter Gelände in einer Stunde ab. Zeigt das Tier nichts an, ist hier auch nicht mit einer vermissten Person zu rechnen. Übrigens finden 90 Prozent der Personensuchen im Gelände statt. Doch Ascan ist einer der wenigen Hunde der Staffel, der noch mehr kann: Er ist auch für die Wassersuche und als Lawinenhund ausgebildet.

An den Autos treffe ich auf Karu und Jaakko, die Lapinporokoira von Frank Singer und seiner Ehefrau Martina, einer Tierärztin. Die beiden norwegischen Rassehunde sind trümmergeprüft. Hierfür wird am Freitag trainiert. Dann heißt es für die Vierbeiner Sprossenleitern hochlaufen, wackelnde Bretter und schwingende Hängebrücken bezwingen. Trittsicherheit, Disziplin und umsichtiges Arbeiten ist für die Hunde ein Muss, damit sie sich bei der Trümmersuche nicht unnötig gefährden.

## Nasenarbeit

Ein Hund bringt übrigens die wichtigsten Voraussetzungen für den Einsatz in der Rettungsstaffel von Geburt an mit. Denn hier sind Orientierungssinn, eine gute Nase und das Anzeigen eines Fundes durch Bellen gefragt. Sein Vorteil: Er ist um einiges effizienter als eine Hundertschaft an Rettern. Zudem kann er durch dicht bewachsene Wälder laufen und gefährliche Trümmer absuchen sowie problemlos bei Dunkelheit arbeiten. Wenn das Tier noch schlank, mittelgroß, tragbar, ausgewachsen, gesund, sportlich und ohne Jagdtrieb ist, kann ein acht Wochen bis zwei Jahre alter Hund – optimalerweise ein Vertreter der typischen Gebrauchshunderassen – nach seiner Probezeit von einem halben Jahr bei der Rettungshundestaffel starten.

Für den Hundeführer bedeutet die Rettungshundearbeit sehr hartes Training. Allein die Ausbildung dauert zwei bis drei Jahre. Hierfür muss der Bewerber zunächst verschiedene Kenntnisse wie einen Sanitätslehrgang beim BRK, Erste Hilfe am Hund, Kynologie, Funkzeugnis, Trümmerkunde, Orientierung mit Karte und Kompass sowie Einsatztaktik nachweisen. Außerdem sollte der Hundeführer körperlich und psychisch belastbar sein, viel Engagement und Toleranz besitzen und möglichst keine zeitaufwendigen Hobbys haben, denn der Alarmpieper ist 24 Stunden in Bereitschaft. Einsätze gibt's im Schnitt alle ein bis anderthalb Wochen.

Rettungshundestaffeln arbeiten im Auftrag von Polizei und Feuerwehr, die die Suchgebiete abstecken und auch mit Hubschraubern, Suchmannschaften und Wärmebildkameras mit von der Suchpartie sind. Die Einsatzgebiete des Kreisverbands München erstrecken sich über den Großraum der Isarmetropole. Es kann aber auch schon mal bis nach Salzburg gehen.

Neuinteressenten für die ehrenamtliche Mitarbeit gibt Katrin Gnandt, info@rettungshundestaffel-muenchen.de, per Mail erste Informationen. Doch ob Rotes Kreuz, Johanniter Unfallhilfe, Malteser Hilfsdienst oder Arbeitersamariterbund – fast jeder Rettungsdienst hat eine eigene Staffel, wer weniger Zeit mitbringt, kann auch in Hundesportvereinen oder in einigen Hundeschulen Münchens Rettungshundearbeit, Mantrailing und Gerätearbeit trainieren.

## Mehr Infos

www.rettungshundestaffel-muenchen.de.

# Tischlein deck dich

## Zu Besuch bei der Tiertafel in München

Armut wird in München gerne übersehen. Und doch ist sie da! Am schlimmsten trifft sie Haustiere, denn diese sind von ihren Besitzern abhängig. Wer sich aber selbst kaum ernähren kann, muss auch an seinem vierbeinigen Gefährten sparen. Damit Tiere, die schon seit langem in einem Haushalt leben, nicht abgegeben werden müssen, verteilt die Tiertafel Deutschland e.V. regelmäßig Futterspenden an Bedürftige.

„Sich von einem tierischen Familienmitglied zu trennen, nur weil sich die Lebenssituation verändert hat, kann keine Lösung sein", erklärt Andrea de Mello, Leiterin der Tiertafel-Ausgabestelle München, die Vereinsphilosophie. Worte, die ein großes Maß an Erfahrung mit sozialen Organisationen ausdrücken. Bei der Tiertafel sind etwa 500 Münchener Bürger gemeldet. Meist Menschen, die durch Krankheit, Rente oder Arbeits-

Das alte Bahnwärterhäuschen der Tiertafel München

losigkeit finanziell in Schwierigkeiten geraten sind. Jeder, der bei dem eingetragenen Verein nach Futterunterstützung fragt, muss seine Bedürftigkeit nachweisen. Dies kann ein Renten- oder Hartz-IV-Bescheid sein. Doch noch viel wichtiger ist der Nachweis, dass das zu unterstützende Heimtier, meist Hund oder Katze, schon vor der finanziellen Notlage im Haushalt gelebt hat. Hier reicht die Vorlage eines älteren Hundesteuerbescheids oder einer Tierarztrechnung. Denn eine Regel wird bei der Tiertafel streng eingehalten: Neuanschaffungen – egal ob gekauft, geschenkt oder gerettet – werden nicht unterstützt!

Zwar sieht man deshalb bei Erstanfragen des Öfteren lange Gesichter, doch eins ist klar: Wer Unterstützung für den eigenen Lebensunterhalt benötigt, sollte sich kein Tier zulegen, für das er aus eigener Kraft nicht sorgen kann.

Tiertafelteam Klara Holzmann (li.) und Anne-M. Steincke (re.)

Ausgeteilt wird übrigens nur für eine Woche, so kann sich der Tierhalter nicht bequem zurücklehnen, sondern bleibt gefordert, Verantwortung für sein Tier zu übernehmen.

Wir sind an einem typisch kalten Apriltag zu Besuch bei der Tiertafel. Die Stimmung scheint – trotz widriger Umstände, da weder fließend Wasser noch eine Heizung vorhanden ist – erstaunlich gut. Gerade die Kunden – so werden die hilfesuchenden Tierhalter respektvoll genannt – kommen mit strahlenden Gesichtern. Sie sind freundlich, geben gerne Auskunft und setzen vor allem ihre Vierbeiner ins rechte Fotolicht. Denn sie wissen, je mehr über sie gesprochen wird, desto mehr Hilfe ist zu erwarten.

## Ohne Ehrenamtliche läuft nichts

Was aber bewegt die ehrenamtlichen Mitarbeiter, statt auf einen unbeschwerten Kaffeeratsch in die Innenstadt, ins alte Schrankenwärterhäuschen an der Poccistraße zu gehen, Futter abzuwiegen und zu verteilen? „Ich hatte vor Jahren eine sehr schwere Krankheit", erzählt Klara Holzmann, die seit vier Jahren in ihrer knappen Freizeit die Tiertafel tatkräftig unterstützt, „damals habe ich mir geschworen, wenn es mir eines Tages wieder gut gehen sollte, werde ich ehrenamtlich arbeiten." Eigentlich wollte Frau Holzmann in einem Altenheim tätig werden. Doch sie darf nicht mehr schwer heben. So kam sie zur Tiertafel. Und nun ist sie stolz, die Hilfe an Men-

schen mit der Hilfe an Tieren zu vereinen. Manchmal kommen sie und ihre Kollegin Anne-M. Steincke auch unter der

Die Dogwalker hatten auch fliegende Unterstützung: Mandy Mitchell & Miss Piggy

Woche her. Dann ordnen sie Futterspenden und bereiten die nächsten Ausgabetage vor.

„Ehrenamt ist keine kurzfristige Sache! Vor allem sind Regelmäßigkeit und Kontinuität gefragt. Ein Grund, warum viele Helfer nach anfänglicher Euphorie bald wieder abspringen", weiß Andrea de Mello zu berichten, „dabei können wir jede Hilfe gebrauchen!"

Die Tiertafel in München gibt es seit 2008. Sie wird derzeit von zehn ehrenamtlichen Helfern getragen. Das Monatspensum von circa 1.200 Kilogramm Futter erhält der Verein unter anderem von Privatpersonen, die mit Spenden helfen wollen oder von Tierhaltern, deren Tiere kürzlich verstor-

ben sind. Zudem darf die Tiertafel in einigen Futtermärkten Spendenboxen leeren, in anderen wiederum hat sie sogar selbst welche aufgestellt. Auch Supermärkte, die entweder Aktionsware haben oder ihr Sortiment umstellen unterstützen die Tiertafel.

Einmal im Jahr ist jeder Münchener Bürger – mit und ohne Hund – gefragt, während des Dog Walks im Englischen Garten noch zusätzliche Futterrationen für die Tiertafel zu erlaufen. Hierfür wird ein kleiner Parcours von vier Kilometern mit vier Stationen angelegt. Nach jeder Etappe gibt es einen Stempel, was gleichzeitig 100 Gramm Trocken- oder Nassfutter bedeutet. Im Mai 2013 haben 181 Teilnehmer insgesamt 1.341 Kilometer absolviert. Den Gegenwert wandelten Hersteller wie almo nature, animonda, Purina, O'Canis und Nutrience in Futter um.

## Jede Art von Hilfe ist willkommen

Tierhalter bekommen bei der Tiertafel nicht nur kostenlose Futter- und Sachspenden, sie können sich auch umfassend über artgerechte Haltung informieren oder tierärztliche Hilfe in Anspruch nehmen. Doch genau das sind die Knackpunkte: Erstens werden die Räumlichkeiten in der Implerstraße 1 früher oder später abgerissen und es sind noch keine neuen, kostengünstigen in Aussicht. Und zweitens fehlt es an Spenden für tierärztliche Unterstützung. Veteri-

Das Tiertafelteam in München

nären ist es in Deutschland nicht erlaubt, ehrenamtlich zu arbeiten. Gerade wenn Operationen anstehen, ist die Verzweiflung bei den Tierhaltern groß.

Wer schon das Futter nicht zahlen kann, für den bedeutet eine weitere Belastung die Katastrophe. Leider kann die Tiertafel hier meist erst nach einer Wartezeit von sechs Monaten mit einem gerade einmal zweistelligen Betrag aushelfen.

Besonders tragisch wird es, wenn ein Tiertafeltier verstirbt. Es ist für den Halter oftmals die letzte Verbindung zur Gesellschaft. Doch auch hier versuchen die ehrenamtlichen Helfer, die Trauernden zu unterstützen. Allen Regeln zum Trotz, kann so schon mal ein Tier über die Graue Tiertafel vermittelt werden.

Jeder von uns kann einen Futtersack spenden, ausgedientes Spielzeug, Decken oder

Leinen abgeben oder die Tiertafel mit ein paar Euros unterstützen – alle Art von Hilfe, natürlich auch ehrenamtlich bei der Tiertafel selbst, ist herzlich willkommen. Worauf warten Sie noch?

## Tiertafel Deutschland e.V.

Ausgabestelle München, Andrea de Mello, Implerstraße 1, Eingang Kapellenweg (U-Bahn-Station Poccistraße), 81371 München, Mobil 0162-1353052, Mail: muenchen@tiertafel.de, Web: www.tiertafel.de

**Ausgabe:** Jeden zweiten Samstag von 11-15 Uhr
**Sachspendenannahme:** jeden Donnerstag von 19-20 Uhr und an jedem Ausgabe-Samstag
**Geldspende:** Tiertafel Deutschland e.V., Kontonummer: 3772852, Deutsche Bank Bankleitzahl: 120 700 24, Verwendungszweck „Spende München"

# Medizin auf vier Pfoten

## Die VITA-Assistenzhunde

Das Leben von Frieda ist um so vieles einfacher und reicher geworden, seit Fellow, ihr vierbeiniger Freund, im Alltag hilft und Tag und Nacht für sie da ist. Es ist nicht länger ein Kraftakt, Socken aus der Schublade zu holen oder eine Tür zu öffnen. Freudig übernimmt das Fellow für sie. Mit ihm hat Frieda einen vierpfotigen Partner an der Seite, der sich jeden Morgen freut, wenn sie die Augen aufmacht und jeden neuen Tag mit fröhlichem Schwanzwedeln begrüßt. Fellow ist eifrig darauf bedacht, ihr das Leben zu erleichtern, zu helfen, da zu sein und nicht von ihrer Seite zu weichen. Fellow ist ein von VITA e. V. ausgebildeter Assistenzhund – ein Profi auf seinem Gebiet.

### Englisches Vorbild

Tatjana Kreidler gründete im März 2000 den gemeinnützigen Verein VITA e.V. Assistenzhunde (VITA) nach englischem Vorbild. Bisher hat VITA bereits 38 Kindern und Erwachsenen mit körperlicher Behinderung – unabhängig ihrer finanziellen Situation – einen ausgebildeten Assistenzhund zur Seite gestellt. VITA-Assistenzhunde werden nach den internationalen Standards und Richtlinien des Dachverbands Assistance

Dogs Europe (ADEu) ausgebildet. ADEu setzt hohe Qualitätsstandards bei der Ausbildung von Mensch und Hund an, prüft die Verwendung von Spendengeldern und achtet insbesondere auf das Wohlergehen der Tiere. 38 Mal haben die von VITA ausgebildeten vierbeinigen Helfer „ihren" Menschen bereits zu mehr gesellschaftlicher Inklusion, Selbstvertrauen, Unabhängigkeit und Lebensqualität und dadurch auch zu gesteigertem Lebensmut und vor allem mehr Lebenslust verholfen.

### Medizin auf vier Pfoten

Ein VITA-Assistenzhund ist „Medizin auf vier Pfoten"! Er ist ein praktischer Helfer, treuer Partner, Eisbrecher und Mittler und wirkt auf verschiedenen Ebenen: psychisch, physisch, sozial und kognitiv. Er unterstützt bei alltäglichen Aufgaben, z. B. apportiert er Gegenstände, assistiert beim An- und Ausziehen und holt im Ernstfall Hilfe. Er öffnet Türen – im realen und auch im übertragenen Sinne. Ein Assistenzhund schafft Kontakte zu anderen Menschen, steht treu zur Seite und vertreibt trübe Gedanken. Er liefert Gesprächsstoff und mindert Hemmschwellen, er hilft, das Leben zu (er)leben.

## Echte Partner

Ausgebildet werden die Hunde (ausnahmslos Retriever) nach der von der Vereinsgründerin entwickelten Kreidler-Methode. Mit dieser werden Mensch und Hund füreinander sensibilisiert und zu echten Partnern gemacht. Die Kreidler-Methode basiert auf Empathie und Motivation. Durch freundliche Autorität, Ruhe und Geduld wird die vertrauensvolle Bindung zwischen Mensch und Hund gefördert. Es ist kein starres Konzept, sondern wird – unter Einbeziehung neuester wissenschaftlicher Erkenntnisse und bestehender Erfahrungen – stetig weiterentwickelt. Von Anfang an stand der Hund und sein Wohlbefinden dabei im Mittelpunkt. Denn – so die VITA-Philosophie – „Nur wenn es dem Hund gut geht, kann er dem Menschen helfen!" Fachkompetenz, kynologisches Wissen und viel Verständnis ist bei der Ausbildung eines vierbeinigen Partners und auch bei der mindestens sechswöchigen Zusammenführung eines Mensch-Hund-Teams gefragt. Die beiden, die fortan gemeinsam ihren Weg gehen, müssen nicht nur gut zueinander passen, sie müssen einander vertrauen, Geduld haben und sich miteinander wohlfühlen. Das ist ein hoher Anspruch. VITA vermittelt den zukünftigen Assistenzhund-Besitzern nötigen Sachverstand, von den Grundlagen der Kommunikationsformen des Hundes über Lerntheorien bis hin zu tiermedizinischem Fachwissen. Sie erfahren wie ihr Hund denkt, welche Eigenheiten und Gewohnheiten und welche Stärken und Schwächen er hat und wie er mit ihnen kommuniziert. Der Hund soll in seinem neuen Zuhause an Altgewohntes anknüpfen können, das geht von in einer gewohnten Stimmlage gesprochenen Kommandos über das gewohnte Futter bis hin zum Erlernen neuer Aufgaben. Somit trägt VITA Sorge, dass der tierische Helfer fair, artgerecht und respektvoll behandelt wird.

Frieda und Fellow

## Ausbildung

Die Zusammenführung der Mensch-Hund-Teams findet im Ausbildungszentrum in Hümmerich statt. In der Eingewöhnungsphase werden zwei, manchmal auch drei künftige Teams Tag und Nacht in eine familiäre Gemeinschaft eingebunden. Entscheidend dabei ist, dass die Chemie zwischen den beiden stimmt, denn nur dann können Hund und Mensch zu einem harmonischen Team zusammenwachsen. Schritt für Schritt übernehmen die neuen Besitzer Mitverantwortung für ihren Gefährten. Da die Eltern der VITA Kinder-Teams nach der Zusammenführungsphase die Aufgabe haben das Team zu leiten und für das Training und das Wohlergehen des Vierbeiners zu sorgen, werden auch sie in die Ausbildung eingebunden.

Nach der Übergabe wird die VITA-Arbeit in Form von regelmäßiger Nachbetreuung fortgesetzt. Parallel werden die Teams dazu angehalten, sich untereinander mit- und voneinander lernend auszutauschen, was einen wichtigen Teil des VITA-Konzeptes ausmacht. Die Ausbildung eines Assistenz-

Vita Teamtraining

hundes kostet über 25.000 Euro. Leider erhält der Verein keine öffentlichen Fördermittel und auch die Krankenkassen beteiligen sich nicht an den Kosten. Diese müssen ausnahmslos durch Spenden, Fördermitglieder und Sponsoren gedeckt werden.

VITA-Hunde leisten Erstaunliches, sie verhelfen Erwachsenen und Kindern zu mehr Lebensqualität. Sich aus Einsamkeit und Abhängigkeiten zu lösen, sind für sie Geschenke von unschätzbarem Wert.

## VITA e.V. Assistenzhunde sucht Hundepaten

Um weitere Assistenzhunde ausbilden zu können, werden immer wieder ehrenamtliche Helfer gesucht – allen voran Hundepaten! Ein Hundepate zieht die ausgesuchten Retrieverwelpen auf, bevor diese im Alter von ca. 12 bis 16 Monaten zur Assistenzhunde-Ausbildung von VITA-Trainern übernommen werden und anschließend ihre Aufgabe antreten. Wenn Sie Pate werden möchten, so spielt Ihr familiäres Umfeld

keine Rolle. Ob Familie oder alleinstehend, bereits mit oder ohne Hund, VITA-Paten leben in ganz unterschiedlichen Lebenssituationen. Der Welpe wird Ihnen im Alter von ca. zehn Wochen übergeben, so wird bereits seine Prägephase für die Erziehung genutzt. Nehmen Sie einen Welpen auf, zeigen Sie ihm die Welt mit all ihren Facetten. Bei Ihnen lernt er z.B. vielseitige Geräusche, den Straßenverkehr, Geschäfte und Menschen kennen. Sozialisieren Sie ihn, bauen Sie Vertrauen auf – nach den positiven Erziehungsmethoden von Tatjana Kreidler. Die Welpen werden sanft, jedoch konsequent erzogen. Sie nehmen mit Ihrem Welpen regelmäßig an den VITA-Welpenkursen teil und auch ansonsten steht Ihnen das Team bei allen Fragen und Problemen bei.

Wir sprachen mit einem der Paten über seine Erfahrungen. Dieter Protzmann ist seit 2006 Pate bei VITA. Drei der von ihm aufgezogenen Hunde sind bereits bei einem hilfsbedürftigen Menschen angekommen und erfüllen ihre Aufgabe zu aller Zufriedenheit. Den vierten hat er gerade in seine Obhut genommen.

Assistenzhund beim Taschetragen

### Wie sind Sie VITA-Pate geworden?

Tatsächlich durch Zufall. Ich selbst wollte keinen Hund mehr durch Tod verlieren, nachdem meine drei Hunde im hohen Alter verstorben waren. Im Wald traf ich eine Frau, die gerade einen Welpen als VITA-Patin betreute. Das gefiel mir und ich informierte mich. Durch VITA habe ich die Gelegenheit einen Hund um mich zu haben und gleichzeitig etwas Gutes zu tun.

### Was genau machen Sie denn mit den Hunden?

Ich bereite sie gründlich auf ihr Leben vor. Ich nehme sie überall mit hin, wir fahren Aufzug, Auto, U-Bahn, Fahrrad. Sie lernen Menschen in Einkaufszentren kennen, dürfen ins Wasser, lernen Alltagssituationen kennen und die Grundbegriffe, die ein Hund kennen muss. Ich sozialisiere ihn. Das wichtigste ist, dass sie lernen auf mich zu achten. Sie lernen nicht wegzulaufen, in meiner Nähe zu bleiben und auf mich aufzupassen. Da wir eine innige Beziehung zueinander haben, lernen die Hunde schnell und sie erledigen ihre Aufgaben gut.

### Werden Sie von VITA unterstützt?

Ja. Einmal in der Woche gehe ich mit ihnen zum VITA-Training. Dort lerne ich dem Hund die richtigen Signale zu geben, die, mit denen er später auch mit seinem neuen Besitzer kommunizieren wird. Und der Hund lernt auch zum Beispiel Rollstühle kennen.

### Bringen Sie ihm auch andere Sachen bei, zum Beispiel Türen öffnen oder beim Anziehen helfen oder ähnliches?

Nein. Die letzte Phase ihrer Ausbildung (ca. 10 bis 12 Monate) verbringen die Hunde bei VITA. Dort werden sie speziell in ihre zukünftigen Aufgaben eingewiesen, um ihrem zukünftigen Besitzer das Leben zu erleichtern.

### Sehen Sie "Ihre" Hunde denn auch mal wieder?

Ja, bei verschiedenen Anlässen. Im Training manchmal. VITA organisiert einige Veranstaltungen im Jahr, unter anderem Charity Galas, Charity Working Tests, einen Stand auf dem Wiesbadener Pfingstturnier und noch einiges anderes. Bei einigen Gelegenheiten sind dann auch die neuen Besitzer mit ihren Hunden da. Es ist jedesmal wieder schön!

## VITA e.V. Assistenzhunde

Karlshof 1a , 53547 Hümmerich
Website: www.vita-assistenzhunde.de
E-Mail: info@vita-assistenzhunde.de
Spendenkonto:
Deutsche Bank
Bankleitzahl: 500 700 24, Kontonummer:
3 010 915
IBAN DE63 5007 0024 0301 0915 00 /
BIC DEUTDEDBFRA

# Versicherung & Schutz

Ein Missgeschick ist schnell passiert – doch was ist, wenn durch eine Verkettung von unglücklichen Umständen ein großes Malheurs daraus wird? Wir haben uns bei Feuerwehr und Polizei umgehört, was Vierbeiner so alles anstellen können, Versicherungen und Dienstleister gefragt, wie man sich und seinen Hund am besten schützen kann und herausgefunden, welche Möglichkeiten es gibt, wenn man selbst einen Unfall hatte.

# „Viechereien" bei Feuerwehr und Polizei

## Vorfälle mit Vierbeinern

Allein die Feuerwehr München hatte im Jahre 2012 insgesamt 884 Einsätze mit Tieren. Das sind fast drei Einsätze pro Tag, wobei Hunde nicht gesondert gezählt werden. Die wohl aufwändigste Rettungsaktion liegt nun schon ein paar Jahre zurück: Ein Dackel war in einem Dachsbau auf dem Olympiagelände verschwunden und musste in mehrstündiger Schaufelarbeit von den Feuerwehrleuten befreit werden. Dabei hatte der Dackelbesitzer in München noch Glück im Unglück: Denn eine Hundebesitzerin aus Berlin musste für die gleiche Rettungsaktion 14.000 Euro zahlen. Feuerwehreinsätze in Bayern bleiben für Hundebesitzer in der Regel kostenfrei. Denn laut Landesfeuerwehrgesetz ist die Aufgabe der Feuerwehr Mensch und Tier aus unmittelbarer Lebensgefahr zu retten.

Ob im Eis eingebrochen, im offenen Gewässer in Seenot oder im Gartenzaun eingeklemmt – die meisten Einsätze für Hunde gehen in der Regel glimpflich aus. Wobei unsere Waus manchmal ziemliche Abenteuer überstehen müssen, bis sie gerettet werden. So ist zum Beispiel ein Golden Retriever im Westermühlbach beim Spielen im Wasser immer weiter abgetrieben, verschwand in einem unterirdischen Bachlauf und konnte zum Glück im Hofgarten, an der Stelle kommt der Bach wieder an die Oberfläche, von einem Rettungstaucher erschöpft aber unversehrt geborgen werden. Ein andernmal wurde die Feuerwehr nach Riem gerufen, Hier hatte eine Mischlingshündin versucht, einen Röhrenknochen zu fressen. Dabei schob sich der Knochen so über den Unterkiefer, dass er festsaß. Die Feuerwehr befreite mit einem Spezialwerkzeug die anderthalb Jahre alte Hündin von ihrer Maulsperre.

Einer der skurrilsten Einsätze war wohl, als sich ein Chow Chow auf der Jagd nach einer Katze mit seinem Hinterteil in einem geschmiedeten Gartenzaun einklemmte. Das Herrchen rief in seiner Verzweiflung die Feuerwehr, die mit einem hydraulischen Rettungsspreizer die Streben auseinander bog und das arme Tier unverletzt befreite.

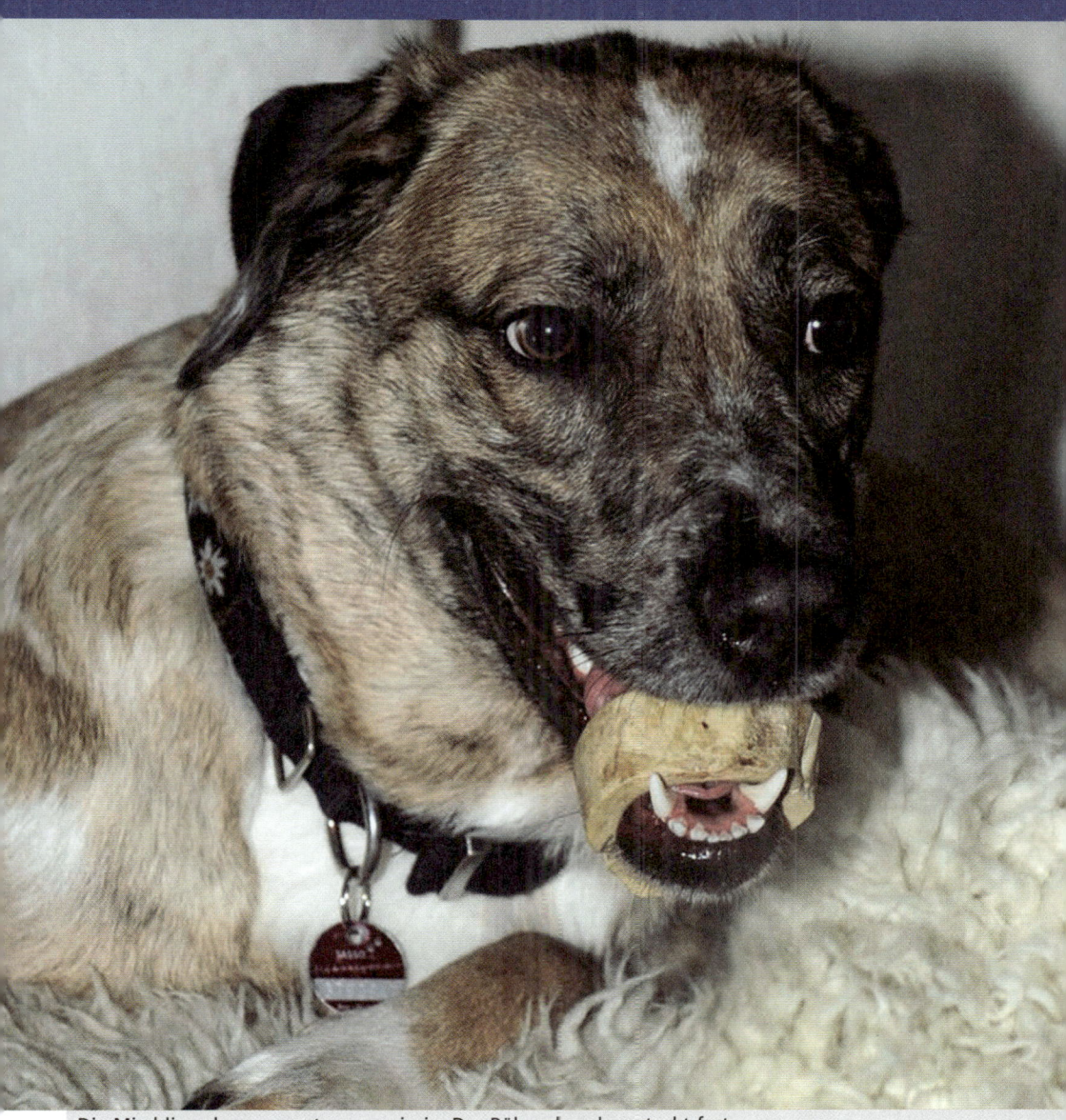

Die Mischlingsdame war etwas zu gierig: Der Röhrenknochen steckt fest

## Wenige Beißvorfälle

Auch die Polizei weiß von – zum Glück nur einigen wenigen – Vorfällen mit Hunden zu berichten. Am häufigsten kommen dabei Hundebisse mit Schädigung von Menschen als fahrlässige Körperverletzung vor. Fälle von Bissen unter Hunden gehen in der Regel straflos aus. Doch gibt es auch den einen oder anderen Verkehrsunfall unter Beteiligung von Hunden, bei denen meist Radfahrer oder Fußgänger geschädigt werden.

# Versicherung: Sicher ist sicher

## Interview mit Reinhard Gerl, GWG Versicherungsmakler GmbH

Mensch und Tier können über- aber auch unterversichert sein. Die Unsicherheit bei diesem Thema ist sehr groß. Für Hunde gibt es eine Haftpflicht-, Kranken und OP-Versicherung. – Welchen Schutz braucht die Fellnase wirklich und wo kann man sich Geld sparen? Wir sprachen mit Reinhard Gerl von der GWG Versicherungsmakler GmbH. Er ist seit Jahrzehnten in der Branche tätig.

*Welche Versicherung sollte ein Hund haben?*

Für den Hund sollte man auf jeden Fall eine sogenannte „Tierhalterversicherung" – landläufig wird diese auch Hundehaftpflichtversicherung genannt – abschließen. Die ist zwar in Bayern keine Pflicht, aber, laut Gesetz haftet der Besitzer für alle Schäden, die der Hund gegenüber Dritten anrichtet. Dementsprechend ist die Tierhalterversicherung vor allem im Interesse des Hundehalters. Übrigens können Kampfhunde Klasse zwei, die ein Negativzeugnis besitzen auch versichert werden.

*Was kostet die Tierhalterversicherung und für was haftet sie?*

Wer eine anständige Deckungssumme haben möchte, sollte mit 70-80 Euro im Jahr rechnen. Die Versicherung deckt alle Schäden ab, die der Hund gegenüber Dritten anrichtet. Dies kann ein Verkehrsunfall oder einfach nur eine beschmutzte Seidenhose sein. Einzige Ausnahme: Es steckt Absicht oder Vorsatz des Halters dahinter.

In Oberbayern haben wir zudem das Glück, dass die öffentliche Hand – also zum Beispiel die Berufsfeuerwehr – die Kosten einer Tierrettung übernimmt. Somit ist der Tierhalter rundum abgesichert.

*Macht eine Hundekrankenversicherung Sinn?*

Zwar bietet die Krankenversicherung für den Hund einen Rundumsorglosschutz an, da sie fast alle Tierarztkosten übernimmt, doch sollte man sich genau anschauen ob die Kosten im Verhältnis zur Leistung stehen. Für einen größeren Hund kommen schon mal 40 Euro im Monat zusammen. Und: Alter, Rasse und Vorerkrankungen können die Kosten nochmals in die Höhe treiben.

*Was halten Sie von der OP-Versicherung?*

Eine OP-Versicherung kann durchaus sinnvoll sein, denn Operationen können richtig teuer werden. So kostet zum Beispiel die Operation einer Magenverdrehung 1500 Euro, der Monatsbeitrag für die Versicherung hingegen 15 Euro. Das heißt, nach der ersten OP hat sich der Beitrag in der Regel amortisiert. Die OP-Versicherung übernimmt fast alle Operationen sowie lebensverlängernde Maßnahmen. Sogar bei einer Kastration – sofern sie medizinisch notwendig ist – werden 50 Euro für einen Rüden und 75 Euro für die Hündin übernommen. Einzige Ausnahme bei OP's: bestimmte zuchtbezogene Krankheiten bei einigen Rassen sind ausgeschlossen.

# Lohnt sich eine Krankenversicherung für meinen Hund?

## Wo man Geld sparen kann

Hundebesitzer wissen: Ein Arztbesuch kann teuer werden. Kleine Unannehmlichkeiten reißen zwar noch lange kein Loch in die Haushaltskasse, aber was passiert, wenn der Hund einmal ernsthaft erkrankt oder eine Operation ansteht? Das alles kann man versichern – aber lohnt sich das am Ende?

Die Krankenversicherung ist auf jeden Fall das Rundumsorglos-Paket für den Hund. Dafür werden dann fast alle Kosten beim Tierarzt übernommen: Vorsorgeuntersuchungen wie Impfungen und Wurmkuren, Operations- und Medikamentenkosten, selbst Physiotherapie oder Naturheilbehandlungen deckt der Krankenschutz ab. Die Kosten sind von verschiedenen Faktoren abhängig: Alter, Rasse und Vorerkrankungen. Für größere Hunde kommen da schon rund 40 Euro im Monat zusammen. Ebenfalls wichtig: Versicherungen nehmen Hunde nur bis zu einer bestimmten Altersgrenze auf. In den meisten Fällen beträgt die sechs bis sieben Jahre. Es sollte also gut überlegt sein, wann eine Versicherung abgeschlossen wird.

## OP-Versicherung als Kompromiss

Wer nicht regelmäßig 40 Euro berappen, aber dennoch einen Schutz vor den ganz großen Kosten im Falle eines Unfalls oder bei OPs haben will, für den ist eine OP-Versicherung richtig. OP, Medikamente und gegebenenfalls der Aufenthalt in einer Klinik werden abgedeckt. Andere Behandlungen und Untersuchungen werden nicht übernommen.

## Den Tierarzt fragen

Aber wann lohnt sich eine Kranken- oder OP-Versicherung für meinen Hund überhaupt? Oft kann ein Tierarzt Tipps geben, welche Versicherung am besten geeignet ist. Er weiß über Vorerkrankungen Bescheid und kann am ehesten einschätzen, wie es um die Gesundheit des Vierbeiners bestellt ist. Ein wichtiger Aspekt ist auch: Vor der Anschaffung eines Hundes sollte man sich mit der Situation auseinandersetzen, dass das Tier krank werden kann. Gibt die Haushaltskasse das nötige Geld im Falle einer Erkrankung, Verletzung oder Operation her? Eine Bisswunde kann am Ende schon mal mehrere hundert Euro kosten. Eine komplizierte OP schlägt mit tausenden Euro zu Buche. Wenn man dieses Geld im Notfall nicht hat, ist eine Krankenversicherung für den Hund auf jeden Fall eine sinnvolle Sache.

## Tierversicherungen

www.uelzener.de und www.agila.de.

# Vermisst & Gefunden

## Der Verein Tasso hilft, wenn Haustiere ausgebüchst sind

Seit über 30 Jahren widmet sich Tasso im Tierschutz der Registrierung und Rückvermittlung entlaufener Tiere. So wird mittlerweile alle zehn Minuten ein entlaufenes Tier durch Tasso zurückvermittelt. Daneben unterstützt der Verein verschiedene Tierschutzprojekte im In- und Ausland und weist mit seinen Kampagnen auf wichtige Themen rund um Hund und Katze hin. Die Fred & Otto-Redaktion sprach mit Andrea Thümmel über die Arbeit von Tasso:

### Weshalb ist es so wichtig, sein Tier chippen und registrieren zu lassen?

Ohne die – übrigens kostenlose – Registrierung ist ein entlaufenes Tier so gut wie gar nicht an seinen Besitzer zurückzuvermitteln. Der Chip ist der Personal-

ausweis des Tieres. Der dort gespeicherte 15-stellige Zahlencode wird bei Tasso mit den Tier- und Halterdaten in der Datenbank hinterlegt. So kann sekundenschnell eine Zuordnung eines entlaufenen Tieres zu seinem Besitzer erfolgen.

Tasso-Plakette

Muss man für das Registrieren tatsächlich immer noch so viel Öffentlichkeitsarbeit machen? 6,5 Millionen registrierte Tiere in unserer Datenbank hören sich natürlich nach viel an und die Tierärzte unterstützen uns auch seit Jahren mit Aufklärungsarbeit. Dennoch ist bisher nur knapp jedes zweite Tier bei Tasso registriert. Wenn man bedenkt, dass die Registrierung bei Tasso den deutschen Tierheimen Kosten in Millionenhöhe spart, wenn ein Ausreißer anstatt im Tierheim wieder Zuhause landet, dann ist jede Art der Öffentlichkeitsarbeit wichtig und sinnvoll.

## Wenn mein Hund weggelaufen ist: Wie bekomme ich ihn am schnellsten wieder?

Der erste Schritt im Verlustfall sollte immer sein, bei Tasso in der Notrufzentrale anzurufen. Dort ist 24 Stunden an 365 Tagen im Jahr ein Mitarbeiter erreichbar, der weiterhilft. Wenn das Tier unsere SOS-Halsbandplakette am Halsband trägt, kann der Finder Ihres Tieres uns anrufen. Die Zusammenführung von Finder und Besitzer geht dann meist ganz schnell. Wichtig ist in diesem Zusammenhang, keine private Telefonnummer bei der Suche nach dem Tier zu veröffentlichen. Wir erleben es immer wieder, dass das Erpresser auf den Plan ruft, die ein Tier nur dann zurückgeben, wenn ein Lösegeld gezahlt wird.

*Wie sieht eigentlich der Alltag in der Tasso-Zentrale aus? Was sind das für Situationen, die man täglich erlebt?*

Tierschutz ist immer mit Emotionen verbunden, auch nach 30 Jahren noch. Oft sind die Kollegen wahre Seelentröster,

wenn ein Tier vermisst wird oder weniger erfreuliche Nachrichten übermittelt werden müssen; am nächsten Tag sind sie dann die Helden, wenn das Tier wieder da ist. Lachen und Weinen liegt da ganz nah beieinander und gehört fast schon zum Alltag.

*Wie kam es eigentlich zur Gründung von Tasso?*

Tasso wurde gegründet, um dem damals vorherrschenden Tierdiebstahl einen Riegel vorzuschieben. Das hat auch wunderbar funktioniert. Im Laufe der Jahre wurde die Rückvermittlung entlaufener Tiere aber immer wichtiger.

*Mittlerweile machen Sie ja wesentlich mehr als am Anfang. Wie kam es dazu?*

Für viele Tierhalter ist Tasso der Ansprechpartner, wenn es um das Thema „Tier" geht – ganz gleich welcher Art. Neben der Registrierung rückten daher immer mehr Themen in den Vordergrund: Die Aufklärung über unseriöse Hundevermehrer in Deutschland zum Beispiel oder die Tatsache, dass man seinen Hund im Sommer nicht im verschlossenen Auto lässt. So entstand zum Beispiel auch unser eigenes Tiervermittlungsportal „shelta", auf das Tierheime ihre Vermittlungstiere kostenlos einstellen können.

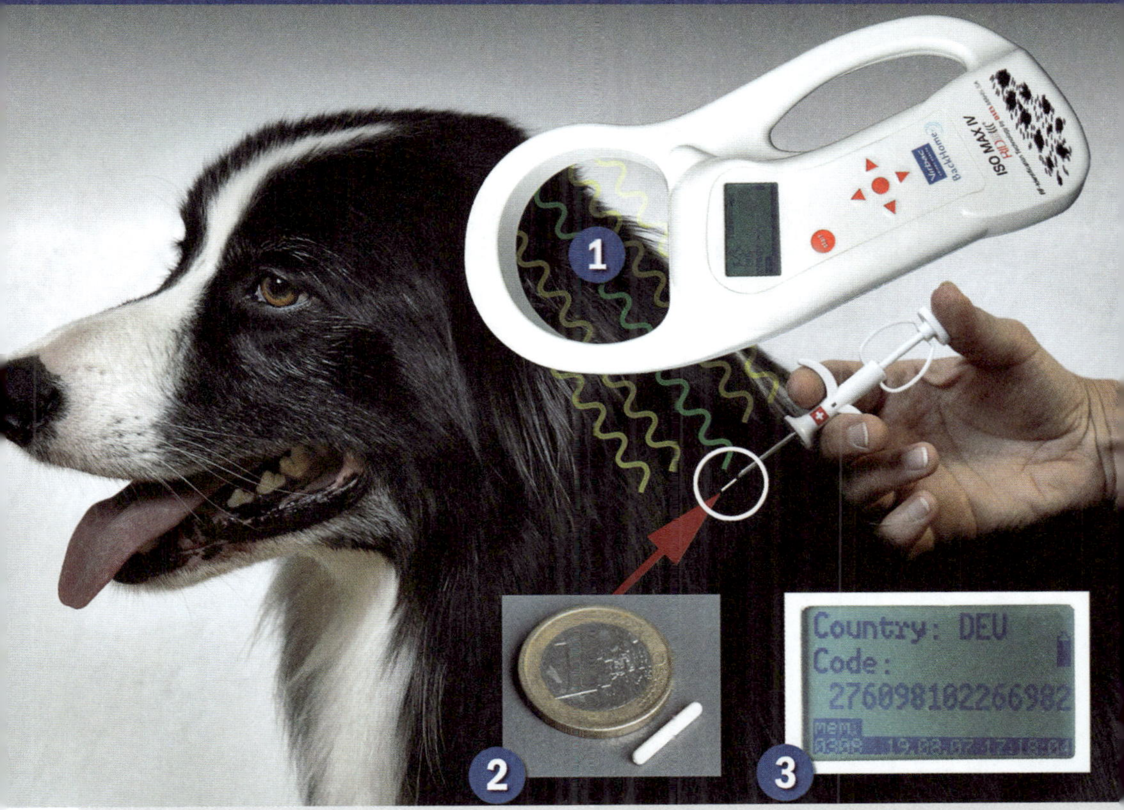

Das Lesegerät (1) sendet sehr schwache Radiowellen aus (gelb), die durch eine Spule im ansonsten völlig inaktiven Transponder (2) in elektrische Spannung umgewandelt werden, und zwar durch die so genannte induktive Kopplung. Diese Energie versorgt den Sender im Transponder, der daraufhin seinen Zahlencode ausstrahlt (grün). Das Lesegerät empfängt den Code und zeigt ihn auf dem Display an (3). Die 15-stellige Zahl besteht aus der Länderkennzeichnung (276 für Deutschland), dem Herstellercode (0981 für Datamars) und der Seriennummer. Weitere Daten enthält der Chip nicht.

## TASSO-Haustierzentralregister für die Bundesrepublik Deutschland e.V.

Frankfurter Str. 20
65795 Hattersheim
Tel.: 06190-93 73 00
Fax: 06190-93 74 00
Mail: info@tasso.net
Web: www.tasso.net
<u>Spendenkonto</u>
Nassauische Sparkasse
Konto: 238 054 907, BLZ: 510 500 15

# Haustier112 – Tierbesitzer in Not

Dieser kleine Anhänger sorgt für Ihren Wau, wenn Sie z. B. plötzlich ins Krankenhaus müssen

„Was passiert mit meinem Hund, wenn ich aufgrund eines Unfalls plötzlich ins Krankenhaus muss?", fragte sich Nadine Zache aus Frasdorf eines Tages. Als aktive Mountainbikerin, die auch beruflich viel unterwegs ist, ließ sie diese Frage nicht mehr los. Ihr Hund blieb öfter mal für einige Stunden allein zu Hause. Eigentlich kein Problem. Doch was, wenn sich die Rückkehr aufgrund von unvorhergesehen Ereignissen, einem schlimmen Unfall oder einer plötzlichen Krankheit verzö-

gert oder gar nie mehr sein wird? Als die Chiemgauerin bei ihren Recherchen feststellte, dass – sofern man für diesen Fall nicht schon persönlich vorgesorgt hatte – keine automatische Tierhilfe abläuft, gründete sie kurzerhand Haustier112. Eine durchaus sinnvolle Einrichtung. Gegen eine kleine Gebühr von 36 Euro im Jahr, können sich Hundebesitzer bei ihrer Notrufnummer eintragen lassen. Und vor allem mehrere Adressen hinterlegen, wer sich im Notfall um das zurückgelassene Tier kümmern soll. Das Prinzip ist simpel: Da Polizei und Feuerwehr in der Regel die Schlüssel von Opfern sicherstellen, entwickelte die findige Betriebswirtin einen Anhänger mit der Notrufnummer Haustier112. Wenn Helfer diesen Anhänger finden, wissen sie Bescheid. Sie rufen bei der Nummer an, geben die Daten durch und die Hilfsaktion für das hinterlassene Tier wird gestartet. So ist der beste Freund auch im Notfall versorgt.

## Haustier112

Tel.: 01805-404 610
Mail: info@haustier112.de
Web: www.haustier112.de

# BVZ HUNDETRAINER
## Berufsverband zertifizierter Hundetrainer e.V.

**BVZ-Hundetrainer – der Verband zertifizierter Hundetrainer**

Wir kommen aus vielen Richtungen, haben aber ein gemeinsames Ziel: Hunden und ihren Menschen mit unserem fundierten Wissen engagiert und Ziel führend zur Seite zu stehen.

**Wer wir sind**

Bei uns ist jeder willkommen – solange er/sie die fachliche Kompetenz vor einer der beiden Prüfungskommissionen der Tierärztekammern Schleswig-Holstein oder Niedersachsen erfolgreich nachgewiesen hat. Diese Prüfung ist an keinen Verband und an keine Methode, an keine Meinung und an keine Mode gebunden, sondern besteht einzig und allein auf den Nachweis umfangreichen theoretischen und praktischen Wissens rund um den Hund.

**Was wir wollen**

Unser Ziel ist es, das Berufsbild des Hundetrainers zu etablieren und dabei sicherzustellen, dass Menschen in diesem anspruchsvollen Beruf die dafür notwendigen fachlichen Voraussetzungen mitbringen.

**Wie wir arbeiten**

Wir arbeiten fachlich kompetent und zielorientiert. Wir beraten und trainieren individuell angepasst an den Hund, an den Halter, an das Problem.

**FACHLICH KOMPETENT      UNABHÄNGIG      ZIELORIENTIERT      BUNDESWEIT**

www.bvz-hundetrainer.de

# Gesundheit & Wellness

Hundegesundheit ist Pflicht, Wellness ist die Kür. Bei Ersterem sollte sich jeder seiner Verantwortung gegenüber dem Tier bewusst sein, Letzteres ist eher Anschauungssache. Wir haben Tierärzte zu Themen wie Vorbeugen und Erkennen von Krankheiten befragt, waren mit der Tiernotrettung München unterwegs, haben Erste Hilfe-Maßnahmen recherchiert, eine Tierklinik besucht und vor allem eine tolle App gefunden, die Tierärzte in der Nähe aufzeigt. Wer seinem Hund zudem etwas Gutes tun möchte, den nehmen wir mit zu einem Blick hinter die Kulissen eines Münchener Schönheitssalons.

# Hunde-Check-Up: Wie viel Arzt braucht ein Hund?

## Im Interview: Dr. Beate Gandorfer, Tierärztin in Frasdorf

Ob Impfung, Entwurmung, Zeckenbehandlung oder Kastration – alle diese Themen rufen bei Hundebesitzern unterschiedliche emotionale Reaktionen hervor. Auch rennt der eine bei jedem Hundezipperlein zum Tierarzt und der andere lässt sich nie in der Praxis blicken. Doch wo ist das gesunde Mittelmaß? Und bei welchen medizinischen Themen sollten sich Hundebesitzer nicht nur im Internet und bei Gassifreunden Meinungen einholen, sondern sich auch medizinisch beraten lassen? Wir fragten Frau Dr. Beate Gandorfer aus Frasdorf, die schon als Kind mit ihrem Vater tierärztliche Hausbesuche mitgemacht hat und so auf einen reichhaltigen Erfahrungsschatz mit Hunden zurückblicken kann.

*Was ist das Minimum, das ein Hundebesitzer in Bezug auf die Hundegesundheit tun sollte?*

Der Hund sollte einmal im Jahr geimpft werden. Hier sollte auch eine Routineuntersuchung vorgenommen werden. Wenn man sich zudem bewusst macht, dass Spulwurmeier im Fell hängen können und sich kaum einer nach dem Streicheln die Hände wäscht, ist – je nach Hundefressverhalten – eine mindestens quartalsweise Entwurmung angesagt. Oder, man denke an den für den Menschen lebensbedrohlichen Fuchsbandwurm!

Gerade in Zeckengebieten sollte zudem eine entsprechende Vorsorge nicht fehlen, denn auch ein Hund kann Borreliose bekommen. Sobald nach dem Winter die ersten Sonnenstrahlen zu sehen sind, wachen die lästigen Plagegeister auf. Eine Antizeckenbehandlung zum Beispiel mit Spot-On-Produkten erfolgt in der Regel monatlich, meist ist hier auch gleich eine Antiflohbehandlung integriert. Es gibt viele Kritiker gegenüber den giftigen Zeckenmitteln, doch wer von Ihnen untersucht wirklich mehrmals täglich seinen Hund nach einem Spaziergang auf Zecken?

Auch das Futter ist für die Hundegesundheit relevant. Wobei es nicht so wichtig ist, ob nass oder trocken gefüttert, mit Bedacht gebarft oder selber gekocht wird. Sondern dass die Ernährung bewusst geschieht. Haben Sie zum Beispiel gewusst, dass zwei Scheiben Salami für einen zehn Kilogramm schweren Hund einer Menge von eineinhalb Hamburgern für einen Menschen mit durchschnittlichem Gewicht entspricht?

### Woran erkenne ich, dass mein Hund krank ist?

In erster Linie an seinem Verhalten: Er wirkt weniger agil, kommt nicht mehr freudig auf Sie zu gerannt, wirkt unlustig und langsam oder: Er frisst nicht. Als Besitzer merken Sie diese Verhaltensänderung meist sofort. Wenn der Hund winselt oder lahmt, geht es ihm schon richtig schlecht. Häufiges Erbrechen und schlimmer Durchfall sprechen ebenfalls für sich.

### Was empfehlen Sie Hundehaltern beim Thema Kastration?

Ich erlebe oft, dass gerade Männer eine Kastration beim Rüden vermeiden wollen. Doch man(n) überlege dabei, ob es nicht letztendlich schlimmer ist, zu wollen, aber nicht zu dürfen? Letztendlich bleibt es natürlich jedem selber überlassen, wie er bei diesem Thema entschei-

det. Nur, meine Erfahrung ist, dass ein nicht kastrierter Rüde für seine Umwelt und auch den Hundebesitzer selbst oft unerträglich wird. Der Rüde schützt sein selbsternanntes Territorium, hat ein höheres Aggressionsverhalten gegenüber anderen Rüden, versucht kleine Kinder und Stuhlbeine zu besteigen und büchst des Öfteren mal zur nächsten läufigen Hündin aus. Hinzu kommen gesundheitliche Probleme wie z. B. Prostataentzündung. Wer also nicht unbedingt züchten möchte und deshalb diese Verhaltensweisen durch eine entsprechend konsequente Erziehung zu unterbinden weiß, der tut sich mit einem kastrierten Rüden leichter.

Ähnliches gilt für Weibchen. Wer zum Beispiel mit seiner Hündin oft unterwegs ist, hält durch eine Kastration lästige Rüden fern. Auch spielt die Frage der Hygiene eine Rolle in der Entscheidung. Und nicht zuletzt liegt – laut einer US-Studie – die Gefahr an einem Mammatumor zu erkranken bei einer Kastration vor der ersten Läufigkeit bei nur fünf Prozent, nach der ersten Läufigkeit bei zehn Prozent, nach der zweiten Läufigkeit bei zwanzig Prozent usw.

Natürlich gibt es auch Risiken. Jede Operation ist ein Eingriff, doch durch entsprechende Techniken, kann man diese minimieren. Hundebesitzer stellen nach der Kastration oft eine Gewichtszunahme fest, die sich durch eine Verringerung der Energieaufnahme vermeiden lässt. Manchmal kann man eine Welpenfellbildung beobachten und große Hunde können eine kastrationsbedingte Harninkontinenz bekommen.

Übrigens gibt es für Rüden die Möglichkeit der chemischen Kastration durch Einsetzen eines Chips. Doch wenn der Hund vor dem Eingriff schon eine läufige Hündin gewittert hat, ist die Wirkung von dem Chip aufgehoben.

*Was empfehlen Sie, wenn der Hund alt wird?*

Ich bin der Meinung, man muss nicht alles mit dem Alter entschuldigen und dann die Sache auf sich beruhen lassen. So kann man durch Medikamente den Hund bei Herz-, Gelenk- oder Schilddrüsenproblemen so unterstützen, dass er sich zumindest besser fühlt. Bei einigen älteren Hunden mit viel Fell habe ich mit Scheren schon beste Erfahrungen gemacht, da der dicke Pelz den Hund im Sommer sehr belastet.

Ansonsten empfehle ich regelmäßige Blutuntersuchungen zu machen, so können manche Erkrankungen im Frühstadion erkannt werden. Doch darf man sich nicht blind auf die Blutwerte verlassen: Denn Nierenprobleme werden so erst sehr spät bemerkt.

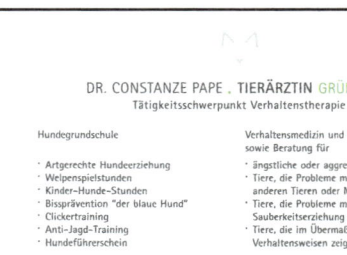

174

# Auch unsere Hunde brauchen Zahnpflege!

## Von: Dr. Klaus Sommer, Fachtierarzt für Kleintiere

„Auch unsere Hunde leiden unter Zahnstein und dessen Folgen. Vor allem kleinwüchsige Rassen wie Pudel, Chihuahuas als auch die kurznasigen (brachycephalen) Rassen wie Mops und Bulldogge sind betroffen. Doch auch Hunde, die mit Feuchtfutter ernährt werden, leiden vermehrt unter Zahnproblemen. Zahnstein entsteht durch die Ablagerung von Futter und Speiseresten auf den Zähnen. Diese sogenannte Plaque wird mineralisiert und bildet später den Zahnstein.

Die Plaque ist sehr stark von verschiedenen Bakterien besiedelt und kann damit Wegbereiter für chronische Hals-, Rachen- und Luftröhrenentzündungen sein. Eher selten treten Endocarditiden, also Entzündungen der Herzinnenseite, oder Tetanus (Wundstarrkrampf) auf. Bei sehr starkem Zahnstein und tief in die Zahnwurzeln reichenden Parodontosen können auch erhebliche Blutungen vorkommen. Doch Zahnstein ist nicht nur eine Belastung für den Hund. Die in der Plaque enthaltenen Bakterien können – sollte der Hund einen Menschen oder ein anderes Tier beißen – Probleme bei der Wundheilung verursachen.

Um dem Zahnstein vorzubeugen macht eine tägliche Zahnpflege Sinn. Die Zähne regelmäßig zu putzen ist die effektivste Lösung. Dies müssen Hund und Halter anfangs trainieren. Der Hund sollte sich problemlos vom Besitzer die Zähne untersuchen lassen und es tolerieren, wenn bei ihm im Maul manipuliert wird. Im nächsten Schritt geht es dann an das Zähneputzen. Dies funktioniert am einfachsten mit einer kleinköpfigen Babyzahnbürste, die man mit dem Zeigefinger am Bürstenkopf festhält und dann, wie beim Menschen auch, von Rot nach Weiß putzt. Sobald der Hund das gut toleriert, sollte man hundegeeignete Zahncremes einsetzen. Prophylaktisch dürfen übrigens auch in Maßen – zum Beispiel vom Veterinary oral health Council geprüfte – Zahnleckerli verwendet werden.

Trotz aller Mühe kann sich – wie beim Menschen auch – in den meisten Fällen Zahnstein bilden. Diesen entfernt der Tierarzt schonend per Ultraschall in einer Narkose. Außerdem beurteilt er die Zahngesundheit und versorgt auch gleich defekte oder

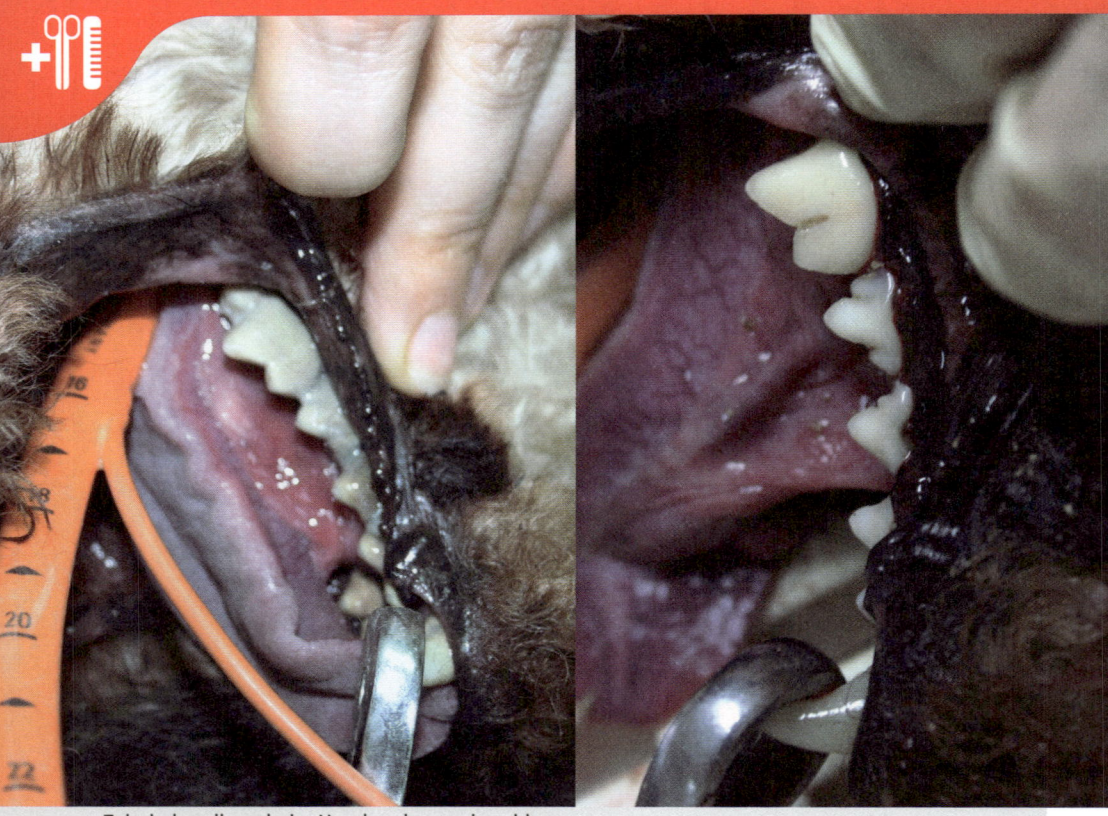

Zahnbehandlung beim Hund vorher und nachher

schmerzhafte Zähne. Anschließend erfolgt eine Zahnpolitur, die maßgeblich zur Verzögerung der Zahnsteinneubildung beiträgt. Den Abschluss bildet eine Fluoridierung der Zähne.

Von manuellen Zahnsteinentfernungen z. B. beim Hundefriseur rate ich ab, denn diese Entfernungsmethode ist fast immer unvollständig, die unter dem Zahnfleisch befindlichen Anteile des Zahnsteines, welche Ursache für Parodontose und damit Zahnverlust sind, werden nicht erreicht. Außerdem kann dabei sogar die Zahnoberfläche stark beschädigt werden. Und genau diese kleinen Rauhigkeiten führen dann wieder zu einer viel schnelleren und vor allem stärkeren Zahnsteinbildung.

# SOS fürs Haustier

## Ein Tag bei der Tierrettung München

Knallrote Autos mit Leuchtschriften, weiß gekleidete Mediziner in roten Warnjacken und jede Menge Know-how über alle Arten von Haus- und Wildtieren sind die Kennzeichen der Tierrettung in München. Sie ist – als erste Deutschlands – schon seit über zehn Jahren für verletzte Stadttiere in München unterwegs.

„Jetzt muss es schnell gehen!" Frau Dr. Sylvia Haghayegh wirkt konzentriert. Ein schwarzer Labrador ist beim Ballspielen plötzlich zusammengebrochen. Es ist schwül-heiß, wahrscheinlich wird es bald ein Gewitter geben. Der rote Tierrettungs-Mercedes quält sich durch die überfüllte Innenstadt. Es ist Freitagnachmittag. Typische Rushhour. In großen Lettern weist die Notrufnummer 01805/84 37 73 auf ein Einsatzfahrzeug hin. Doch der zum Notwagen umgebaute Bus darf nicht schneller als die anderen fahren. Martinshorn? Fehlanzeige!

Insgesamt drei Fahrzeuge hat die Tiernotrettung München im Einsatz. Zwei Ärzte sind täglich, einer davon rund um die Uhr, in Alarmbereitschaft. Am Wochenende ist immer einer von vier Helfern mit dabei.

Geduldig wartet die besorgte Hundehalterin an Ort und Stelle. Erstversorgung wurde nach Anweisungen gemacht: Der Hund liegt im Schatten. Eine Schüssel Wasser soll den Flüssigkeitshaushalt wieder in Ordnung bringen. Immer wieder kühlt die Besitzerin die Pfoten des geschwächten Hundes und benetzt seinen Körper. Etwas wackelig versucht das Tier aufzustehen, als der Notarztwagen kommt. Doch sogleich legt er sich wieder hin. „Überhitzung beim Hund muss man sehr ernst nehmen", erklärt Frau Dr. Haghayegh während der Untersuchung, „wenn er schon eine blaue Zunge, erhöhte Körpertemperatur oder auch blasse Schleimhäute hat und apathisch wirkt, muss das Tier sofort in die Klinik!" Dort wird dann der Schock durch intravenös verabreichte Flüssigkeiten, Sauerstoff und Kreislaufstabilisierende Mittel behandelt. Die junge Labradordame hat zum Glück kein Fieber. Während der Untersuchung erholt sie sich langsam wieder. Die Wohnung ist nur wenige Meter von der Unglücksstelle entfernt, deshalb macht sich das Gespann langsam auf den Heimweg, um den Abend im kühlen Schatten – aber unter konsequenter Beobachtung – zu verbringen.

Noch ist die Labradordame wacklig auf den Beinen

Wir haben noch viel vor. Im Auto wartet eine scheinbar erblindete Findlingskatze darauf, dass wir sie zur Behandlung in die Tierklinik bringen. Immer wieder erreichen uns Anrufe von besorgten Münchenern, die nicht nur Probleme mit ihren Heimtieren haben. Bei dem Einen scheint eine Entenfamilie im Garten zu brüten, der Nächste hat ein junges Eichhörnchenkind aufgegabelt und im Englischen Garten wurde ein Turmfalke von mehreren Krähen angegriffen. Schwierig zu entscheiden, was man zuerst tun soll. Doch manchmal gibt es auch aufheiternde Anrufe. So wollte eine besorgte Dame, dass die Tierrettung einen großen Fisch aus dem Echinger Weiher entferne. „Abgesehen davon, dass wir kein Tauchequipment haben, wäre ein Eingreifen in diesem Fall wohl eher Tierquälerei. Der dicke Brocken müsste in eins der umliegenden Aquarien, und die sind viel kleiner als der Echinger See." Doktor Haghayegh bleibt gelassen. Sie ist seit der Gründung der Tierrettung in 2001 dabei. Pro Jahr fährt das insgesamt neunköpfige Ärzteteam im Schnitt 3600 Einsätze. Die Hilfe bei Wildtieren ist kostenlos. Ein Einsatz bei Heimtieren wird nach der Gebührenordnung für Tierärzte abgerechnet und kostet um die siebzig bis achtzig Euro. Je nachdem, was gemacht werden muss. Der Betrag ist sofort in Bar oder per EC-Karte fällig.

Jeder Tierfreund kann für nicht einmal 3,33 Euro im Monat Mitglied bei der Tierrettung werden. Mit einem zusätzlichen Betrag von zehn Euro pro angefangenes Kalenderjahr und pro Tier sind zudem eine tiermedizinische Notversorgung bis zu 125 Euro im Jahr abgedeckt.

## aktion tier - Tierrettung München e. V.

Herzogstr. 127, 80796 München, Verwaltung Tel.: 089-30779522, Mail: info@tierrettung-muenchen.de,
Web: www.tierrettungmuenchen.de
Notruf: 01805-84 37 73 (0,14 Euro aus dem dt. Festnetz, max. 0,42 Euro aus dem Mobilfunknetz)
Spendenkonto: HypoVereinsbank München, BLZ 700 202 70, KTO 449 218 04

# Was tun im Notfall?

## Erste Hilfe beim Hund

Viele Unfälle und Verletzungen kann man durch Voraussicht vermeiden – doch manchmal ist Not am Hund. Dr. Sylvia Haghayegh von der Tierrettung München gab uns ein paar Tipps zum vorbeugenden Handeln und zu Erste Hilfe-Maßnahmen sowie Hinweise, ab wann der Hund zum Tierarzt sollte. Hier die häufigsten Verletzungen:

### Augenverletzung

Erkennen: Kratzt sich der Hund häufig am Auge, hat Augenausfluss oder kneift er ein Auge zu, könnte eine Augenverletzung vorliegen. Soweit möglich, das kranke Auge mit dem Gesunden vergleichen. Ist die Bindehaut gerötet? Ist das Auge mit Staub oder Dreck verschmutzt? Gibt es Augenausfluss? Behandeln: Eventuell mit lauwarmen Wasser spülen und schauen, ob sich das Auge bessert.
       -> sonst zum Tierarzt.
Liegt eine Verletzung der Lider oder sogar der Hornhaut vor?
       -> unbedingt zum Tierarzt, da es für Laien schwierig ist eine harmlose von einer ernsthaften Verletzung zu unterscheiden.

### Bisswunde

Behandeln: Wenn ein kleiner Hund von einem großen Hund in den Bauch oder Rumpf gebissen wird, können innere Organe wie Blase, Milz oder Leber verletzt werden. Hier muss zur Diagnose unbedingt ein Röntgenbild gemacht werden. Zudem werden so auch Knochenbrüche erkannt
       -> sofort zum Tierarzt!
Bei kleineren Bissverletzungen, die nicht gefährlich erscheinen, kann man erst mal abwarten. Achtung: Obwohl sie harmlos wirken, können sie sich aufgrund der im Speichel enthaltenen Keime entzünden. Der Hund braucht meist noch Antibiotika
       -> bei nächstmöglicher Gelegenheit zum Tierarzt.

### Erbrechen

Fühlt sich der Hund wohl und zeigt keine anderen Symptome, so ist gelegentliches Erbrechen in der Regel nicht schlimm
       -> abwarten und beobachten.
Sollte Erbrechen häufiger am Tag vorkommen, der Hund schwach wirken oder sogar schwanken, könnte eine Vergiftung, eine Infektion oder eine Fremdkörperaufnahme vorliegen
       -> ab zum Tierarzt!

### Erkältungssymptome

...klingen als hätte der Hund sich verschluckt oder etwas im Hals stecken, weisen aber in Wirklichkeit auf eine Erkältung und Husten hin. Behandeln: Ähnlich wie bei Kleinkindern z. B. Kamillentee mit Honig geben – im Zweifelsfalle und bei Fieber
       -> zum Tierarzt.

## Fieber

Die Faustregel ‚kalte Ohren und nasse Schnauze deuten auf gute Hundegesundheit' ist nur bedingt gültig. Besser ist es rektal Fieber zu messen. Versteht sich von selbst, dass der Hund sein eigenes Fieberthermometer erhält und ein Gleitmittel (Speiseöl/Vaseline) verwendet wird. 38 bis 39 Grad Celsius sind normal. Meist tritt Fieber mit anderen Symptomen wie Schüttelfrost, erhöhtem Puls, schnellem Atmen und Appetitlosigkeit auf – der Hund fühlt sich offensichtlich unwohl. Höchstwahrscheinlich liegt eine Infektion vor
-> ab zum Tierarzt!

## Gift oder etwas Unbekanntes gefressen

Symptome wie Speicheln, wackeliger Gang, unwillkürliche Muskelzuckungen bis hin zur Stehunfähigkeit, aber auch blutiges Erbrechen, blutiger Durchfall oder schneeweißes Zahnfleisch weisen darauf hin, dass der Hund etwas Giftiges gefressen haben könnte
-> sofort zum Tierarzt.
Speichelt er nur und ist aber sonst offensichtlich fit: Das Maul auswaschen und dabei genau inspizieren, evtl. nach Verletzungen an Zunge oder Zahnfleisch suchen. Hört das Speicheln nicht auf oder kommen weitere Anzeichen (s.o.) dazu
-> zum Tierarzt.

## Insektenstiche/ anaphylaktischer Schock

Leider weiß man immer erst hinterher, ob der Hund allergisch auf Insektenstiche reagiert. Doch können sie lebensbedrohlich sein! Behandeln: Jeden Stich so gut es geht mit kalten Umschlägen kühlen, dies nimmt den Schmerz und kann auch eine eventuelle Schwellung lindern. Bei Stichen im Bereich der Zunge und des Mauls gegebenenfalls Eis zu lecken geben. Fühlt sich der Hund wohl, ist keine Gefahr in Verzug.
Vorsicht! Beobachten Sie den Hund trotzdem weiter! Die Schwellung im Rachen kann zu Atemnot führen, dann müssen Sie
-> sofort zum Tierarzt!
Reagiert Ihr Hund hochgradig allergisch, gibt es vielfältige Symptome: Es kann zu einer Schwellung der Augenlider, der Lefzen bis hin zur Schwellung des gesamten Kopfes und der Pfoten kommen. Auch können Pusteln am ganzen Körper auftreten
-> sofort zum Tierarzt!
Beim Anaphylaktischen Schock fehlen solch sichtbare Schwellungen. Hier ist der Hund, kurz nach dem Stich – oft innerhalb der ersten zehn Minuten – schon wackelig auf den Beinen und nicht mehr gehfähig. Er erbricht und hat plötzlich Durchfall. Der Hund ist hochgradig allergisch und schwebt in Lebensgefahr
-> sofort zum Tierarzt!

## Magendrehung

Würgt der Hund permanent und versucht sich erfolglos zu übergeben, ist dies ein alarmierendes Zeichen: Es könnte eine lebensbedrohliche Magendrehung vorliegen
-> sofort zum Tierarzt!

## Überhitzung/Hyperthermie

Vorbeugen: Nach nicht einmal 15 Minuten in der Sonne erhitzt sich die Temperatur in einem stehenden Auto von 26 Grad auf 44 Grad! Deshalb niemals beim Einkaufen o. ä. den Hund im Auto lassen, auch nicht bei geöffnetem Fenster! Sport und Spiel in der prallen Mittagshitze vermeiden. Behan-

Hyperthermie kann für einen Hund lebensgefährlich sein

deln: Falls der Hund Anzeichen von Überhitzung wie starkes Hecheln, wankender Gang, angsterfüllte Augen zeigt, Durchfall und veränderte Schleimhäute hat, sich erbricht und kollabiert ist höchster Alarm angesagt. Das Tier schwebt in Lebensgefahr! Den Hund sofort in den Schatten bringen, auf die Seite legen, kalte Luft zufächeln und kalte Umschläge machen – dabei unbedingt an den Füßen beginnen

-> ab zum Tierarzt!

## Unfall

Vorbeugen: Eine gute Sicherung im Auto ist für den Hund ein absolutes Muss. Sonst fliegt er im Ernstfall ungeschützt durch das Auto oder gar durch die Scheibe. Wirbelsäulen- und Kopfverletzungen sind vorprogrammiert. Behandeln: Zunächst Unfallort sichern, Hund ruhig ansprechen, anleinen und eventuell Maulschlinge als Bissschutz anlegen. Zwecks einfacheren Abtransports den Patienten auf eine stabile Unterlage wie z. B. Hutablage, Pappkarton oder Decke legen. Da innere Organe verletzt oder auch Kno-

chen gebrochen sein können ist unbedingt ein Röntgenbild zur Diagnose erforderlich

-> sofort zum Tierarzt!

## Verletzung an Kralle oder Pfote

Vorbeugen: Im Winter aufgrund von Streusalz Pfoten mit Vaseline oder Hirschtalg einreiben und nach dem Spaziergang Pfoten waschen. Gegen Schnittwunden durch Scherben auf den Straßen sind unsere Hunde nicht gefeit. Behandeln: Verschmutzte Verletzungen mit kaltem, sauberen Wasser abspülen, mit Betaisadona o. ä. bestreichen und Verband anlegen. Wird ein Pfotenverband für mehrere Tage angelegt, muss zwischen den Zehen mit Watte abgepolstert werden. Vorsicht: meist muss hier Antibiotikum dazu gegeben werden. Also bei nächster Gelegenheit zum Tierarzt. Bei stark blutenden Wunden Druckverband anlegen

-> ab zum Tierarzt: Denn oft muss die Wunde genäht werden.
Vorsicht beim Druckverband: Dieser ist nur zur Blutstillung und nur bis zur Ankunft

beim Tierarzt gedacht. Druckverbände nie für längere Zeit angelegt lassen! Hört eine Blutung nicht auf, dann muss die Wunde genäht werden!

## Wunden im Fell

Kleinere Schürfwunden oder Kratzer passieren immer wieder und heilen in der Regel von selbst. Behandeln: Das Deckhaar scheren, die offene Stelle desinfizieren und mit Betaisodona bestreichen. Die Wunde täglich kontrollieren, ggf. mit Betaisodona weiter behandeln. Sollte die Verletzung nässen, rot oder dick werden, ist sie wahrscheinlich entzündet

    -> ab zum Tierarzt!

Größere Risswunden oder Verletzungen so gut es geht mit einem Verband abdecken und vor Verschmutzungen schützen, bei stark blutenden Wunden gegebenenfalls Druckverband, weder zu fest noch zu locker, anlegen.

    -> Diese immer vom Tierarzt anschauen lassen, da sie meist genäht werden müssen.

## Zecken

Vorbeugen: Auch ein Hund kann Borreliose bekommen. Deshalb im Frühjahr rechtzeitig geeignete Zeckenmittel verwenden. Behandeln: Zecke entweder mit einer Zeckenkarte oder einer Pinzette aus der Haut drehen, so dass auch der Kopf mit heraus kommt. Zecke anschließend verbrennen! Viele Behandlungsmethoden sollte man sich nochmals vorführen lassen und auf jeden Fall selbst üben. Erste Hilfe Kurse für Hunde bieten auf Anfrage die Tierrettung München, Hundeschulen und Tierarztpraxen an. Erste Hilfe Notsets für Tiere gibt es im Tierbedarf.

## Kontakt

aktion tier - Tierrettung München e. V., Herzogstr. 127, 80796 München, Verwaltung Tel.: 089-30779522, Mail: info@tierrettung-muenchen.de, Web: www.tierrettungmuenchen.de

## APP-Tipp

Vetfinder – Diese kostenlose App für iPhones und Android weist im In- und Ausland den Weg zum nächsten Tierarzt www.vetfinder.mob

# tierklinik haas & link

## Tierklinik Germering – auch Hunde brauchen manchmal Spezialisten

Ob Tumore, Gelenkprobleme, Magen-Darm-Beschwerden, Allergien oder Herzleiden – manchmal haben Hunde Krankheiten, bei denen der Haustierarzt nicht mehr weiterhelfen kann. Genau auf solche Fälle hat sich die Tierklinik haas & link in Germering spezialisiert. Seit 2004 bieten international ausgebildete Spezialisten eine Rundum-Versorgung der Haustiere in verschiedenen Fachgebieten an. Hierzu zählen die Bereiche Innere Medizin (internistische Abklärungen, Sonographie, Endoskopie, Zytologie), Chirurgie (Weichteiloperationen, orthopädische Operationen, Neurochirurgie, Arthroskopie), Kardiologie und Dermatologie. Unterstützt werden die spezialisierten Tierärzte von Tierärzten in der Weiterbildung zum Fachtierarzt oder Diplomanden und Tiermedizinischen Angestellten sowie Auszubildenden. Um eine optimale Behandlung zu bieten, bildet sich das erfahrene Team stets auf den neuesten Stand der Tiermedizin weiter. Die Klinik ist mit modernster Technik ausgestattet. Der besondere Charme: Persönliche Beratung, individuelle Betreuung und vor allem die Liebe zum Tier sorgen – trotz des ernsten Themas – für eine überaus freundliche Atmosphäre.

In der 600 Quadratmeter großen Klinik wurden im Jahr 2012 insgesamt 5300 Tiere versorgt, die Hälfte davon waren Hunde. Ansonsten befanden sich 38 Prozent Katzen und 12 Prozent Heimtiere wie Kaninchen, Meerschweinchen, Hamster etc. darunter. Meist werden die Patienten von umliegenden Tierärzten überwiesen, weil diesen die diagnostischen oder chirurgischen Möglichkeiten fehlen oder auch eine intensivere Betreuung notwendig ist. Oftmals bleiben die Fellnasen dann stationär in der Klinik, erhalten Infusionen und Medikamente über einen Venenzugang und benötigen tägliche Untersuchungen sowie kontinuierliche Überwachung.

Auf der Station kümmern sich tagsüber eine Stationstierärztin sowie zwei Helferinnen ausschließlich um die stationären Patienten. Ihr Tag beginnt mit einem Gassigang im begrünten Auslauf, Boxenreinigung und Versorgung mit frischem Wasser. Währenddessen halten die Tierärzte ihre Visite und große Morgenbesprechung mit der Klinikleitung Dr. Haas und Dr. Link ab. Die Tiere werden täglich untersucht und mit Medikamenten versorgt. Anschließend bekommen sie ihr – teilweise diätetisches – Spezialfutter. Mittags informiert die Stationstierärztin die Besitzer detailliert über den Stand der Dinge und das weitere Vorgehen. Außerdem dürfen diese ihre Lieblinge nach Absprache am Nachmittag besuchen. Ab circa 21 Uhr ist Nachtruhe angesagt. In dieser

fähige Einmalunterlagen – dies erleichtert das regelmäßige Säubern ungemein.

Auch wenn die Tierklinik Termine nach Vereinbarung vergibt, so ist sie doch jederzeit für Notfälle geöffnet. Parkplätze stehen vor und hinter dem Haus ausreichend zur Verfügung.

### Interview mit Frau Dr. Barbara Haas zum Thema Kreuzbandriss

*Sie haben sich auf Kreuzbandrisse beim Hund spezialisiert – was sind die häufigsten Ursachen?*

Da manche Rassen eine Prädisposition für Kreuzbandrisse haben, geht man davon aus, dass durch die anatomischen Gegebenheiten im Kniegelenk das Kreuzband überlastet sein kann und durch Umbauvorgänge aufgrund der Überlastung die Stabilität und Reißfestigkeit nachlässt. Oftmals wird ein vorangegangenes Trauma beschrieben, das alleine aber vermutlich nicht die Ursache ist. Bei Hunden mit chronischer Lahmheit kann bereits ein Teilriss des Kreuzbandes vorliegen. Aufgrund eines Traumas kommt es dann zu einer kompletten Ruptur. Bei kleinen Hunderassen wie Chihuahua oder Yorkshire Terrier geht oftmals eine Luxation der Kniescheibe voran, die zu einer wechselnden Lahmheit führt. Durch die ständige Überlastung des Kreuzbandes kann dieses schließlich reißen.

*Wie oft kommt es vor, dass Hunde einen Kreuzbandriss haben? Und woran merke ich das als Laie?*

Circa zehn Prozent aller Hunde mit orthopädischen Problemen haben einen

Klinikleiterin Dr. Barbara Haas

Zeit steht eine Tierärztin vor Ort für ständige Überwachung der Hunde-, Katzen- und Infektionsstation zur Verfügung. Hunde schlafen natürlich getrennt in Boxen auf Decken. Patienten, die nicht aufstehen können oder dürfen, erhalten dick gepolsterte und saug-

Kreuzbandriss. Die Tiere zeigen meist eine Lahmheit an der betroffenen Hintergliedmaße, die bei Belastung schlimmer wird.

*Welche Behandlungsmethoden gibt es für Hunde und wie sind die Heilungschancen?*

Je nach Alter, Größe und Sportlichkeit gibt es für Hunde unterschiedliche Operationsmethoden. Zum einen werden synthetische Bänder eingesetzt, die dem Kniegelenk erneut Stabilität geben. Zudem gibt es neuere Methoden, die durch die Veränderung der Biomechanik des Kniegelenkes zur Schmerz- und Lahmheitsfreiheit führen.

*Was halten Sie von Selbstheilung?*

Bei Hunden wird die Schmerzhaftigkeit ohne chirurgische Versorgung nie ganz abklingen. Außerdem kommt es bei Belastung weiterhin ständig zu Verletzungen an den Menisken und am Gelenkknorpel, da das Gelenk fehlbelastet wird. Dies führt kurz- und mittelfristig zu Entzündungen im Kniegelenk und langfristig zu Arthrose.

*Ein Hund kann nicht auf Krücken gehen, wie kann ich mir den Genesungsprozess vorstellen?*

Der Hund sollte über sechs Wochen an der Leine geführt werden. Wobei die Belastung mit der Länge der Spaziergänge gesteigert wird. Wichtig ist es, den Hund nur kontrollierte Bewegungen machen zu lassen. Spielen, springen und abrupte Bewegungen müssen verhindert werden.

*Ist eine anschließende Physiotherapie angebracht?*

Auf jeden Fall! Die Rekonvaleszenz kann mit unterstützender Physiotherapie und gezieltem Muskelaufbau verkürzt werden und die Funktionsfähigkeit verbessern.

*Kann das Bein später wieder vollständig belastet werden?*

Wenn die Veränderungen im Kniegelenk vor der Operation nicht schon zu schwerwiegend waren, sieht man nach der Operation keine Beeinträchtigung mehr und der Hund kann das Bein nach Abheilung wieder voll belasten.

# Blutspenden beim Hund
## Ein lebensrettender Schritt

„Stellen Sie sich vor, Ihr Hund erleidet durch einen Unfall einen großen Blutverlust. Nur Spenderblut kann noch sein Leben retten. Wären Sie dann nicht auch jedem vorausschauenden Hundehalter unendlich dankbar, weil er seinen Vierbeiner für Blutspenden zur Verfügung stellt? Was in der Humanmedizin schon fast selbstverständlich ist, ist bei den Tierhaltern in Bezug auf die Tiermedizin noch wenig bekannt: Auch ein Tier kann Blut spenden. Jedoch ist der Ablauf etwas anders. Es werden immer dann Spender gesucht, wenn ein Patient in der Tierklinik ist und eine Bluttransfusion wegen Blutarmut benötigt. Ursachen hierfür gibt es viele: Dies kann ein schwerer Unfall oder eine internistische Erkrankung wie eine Autoimmunschwäche sein, bei der der Körper die eigenen Blutzellen abbaut. Auch Infektionskrankheiten aus dem Ausland, bei denen Parasiten oder Einzeller die Blutkörperchen zerstören, machen eine Bluttransfusion nötig.

Das erkrankte Tier bekommt das gespendete Blut ganz frisch verabreicht. Das heißt, der Spender sollte zeitnah in die Klinik gebracht werden. Dies kann teilweise auch am Wochenende oder sogar nachts notwendig sein. Deshalb ist es für die Tierärzte oft schwierig, einen geeigneten Spender zu finden. Trotzdem sollte jeder Tierhalter einmal über dieses Thema nachdenken, denn auch sein Tier könnte einmal in Not sein. Als Blutspender eignen sich alle gesunden bis mittelalten Hunde ab 20 Kilogramm, die keine Angst vor dem Tierarzt haben und im Notfall schnell zur Klinik kommen können.

Je nach Hund, seinem Gemüt, dem Blutdruck und der damit verbundenen Fließgeschwindigkeit dauert die Blutspende etwa 30 bis maximal 60 Minuten. Wobei bei einem circa 20 Kilogramm schweren Hund etwa 200 Milliliter Blut abgenommen werden. Das Spendertier darf nach der Blutentnahme gleich wieder nach Hause gehen. Meist merkt man es den Hunden gar nicht an, da sie sich nach einer Spende besser regenerieren als nach einem traumatischen Blutverlust. Trotzdem sollten sie an dem Tag etwas geschont werden. Eventuell sind sie auch etwas ruhiger als sonst. Allgemein kann ein Hund circa alle drei Monate spenden, abhängig von den Blutwerten, die vor jeder Spende kontrolliert werden. Die Tierklinik Haas und Link freut sich sehr über jeden Hundehalter, der seinen dafür geeigneten Vierbeiner als Blutspender registrieren lässt." (Text: www.haas-link.de)

Frau Dr. Marion Link: Blutspenden beim Hund – Ein lebensrettender Schritt

# Der frisierte Hund

## Wer schön sein will, muss leiden, oder auch nicht ...

Sechsunddreißig Grad und es wird immer heißer ... - genau das sind die Tage, an denen bei Hundefriseur Uwe Popp das Telefon nicht mehr stillsteht. „Jeder möchte jetzt seinem Hund eine Kurzhaarfrisur verpassen – aber irgendwann stoße auch ich an meine Grenzen!" Wieder bimmelt das Telefon. Doch der routinierte Fellexperte lässt sich nicht aus der Ruhe bringen. Gekonnt verpasst er einer geduldigen Malteserdame ihre exakte Fellkontur. Bei ihm ist fast alles möglich. „Nur einmal", so erzählt Popp, „wollten Hundebesitzer ihrem schwarzen Labrador im Sommer das Fell komplett scheren lassen. Da habe ich mich geweigert, und die Hundehalter vor allem aufgeklärt, dass auch ihr Hund einen Sonnenbrand bekommen kann", plaudert Popp aus dem Nähkästchen. Ein anderes Mal sollte er das Fell eines Leonbergers wie eine Löwenmähne aussehen lassen. Das sei ziemlich gut gelungen, sogar die Schwanzquaste kam zur Geltung.

Was er glaubt, was die Hunde von der Schönheitspflege halten, fragen wir etwas provokant. Nach Popps Überzeugung ist der Frisörtermin auf jeden Fall eine Frage der Gewohnheit. Wenn ein Welpe von Anfang an den Hundesalon kennt, gäbe es eigentlich keine Probleme. Und ob das Stutzen des Nackenhaares nicht ein Eingriff in die Hundesprache sei, setzen wir hinterher. Doch auch hier weiß Popp aus seiner persönlichen Erfahrung zu berichten: „Die Hundesprache setzt sich aus verschiedenen Signalen zusammen und der geschorene Hund kann sogar auch noch sein Nackenhaar aufstellen."

Die Malteserdame ist fast fertig

So gut wie jeder Hund sollte, davon ist Popp überzeugt, eine anständige Fellpflege erhalten. Das Mindeste, was man zu Hause tun kann ist Fell kämmen und nach einem Bad in der Isar oder anderen Gewässern den Hund trockenreiben.

Seit über 25 Jahren betreibt der Oberfranke seinen Hundesalon Popp in München. Neben Baden, Färben, Handtrimmen, Kämmen und Föhnen bietet der Frisör auch Krallen-, Pfoten- und Ohrpflege an. Zudem erhalten Kunden in seinem Laden in der Elsässer Straße 24 eine feine Auswahl an Hunde- und Katzenprodukten.

### Hundesalon Popp

Uwe Popp, Elsässer Str. 24, 81667 München, Tel.: 089-4705452, Mobil: 0172-9535432, Fax: 089-43607884, www.hundesalon-popp.de Öffnungszeiten: MO - FR von 10 - 18 Uhr, SA 9 - 13 Uhr

# Tierarztsuche leicht gemacht

## Wie Software-Entwickler Thomas Hinze auf den Vetfinder kam

Thomas Hinze mit seinem Hund Rex, quasi der Ideengeber für die Vetfinder-App

sprachen mit dem IT-Mann …

*Wie kamen Sie auf die Idee zu dem Projekt?*

An einem schönen Sonntag war ich zusammen mit meinem Hund Rex mitten im Harz unterwegs. Leider hatte er sich während des Ausfluges am Bein verletzt und ich brauchte dringend einen Tierarzt. Fehlende Ortkenntnis, Wochenende und die steigende Nervosität machten die Suche trotz mobiler Internetverbindung zu einem Kraftakt. Ich wünschte mir eine Anwendung, mit der ich einen Tierarzt auf Knopfdruck finde – ohne lästiges tippen, mit automatischer Standortsuche, Anruffunktion und Navigation zum Arzt. Über den Projektstatus ist der VETFINDER mittlerweile längst hinaus.

Man stellt es sich besser nicht vor: Sie sind im Urlaub oder am Wochenende unterwegs – und dann, plötzlich, passiert ein Unfall. Ihr Hund ist verletzt. Sie sind geschockt. Um abseits des gewohnten Umfeldes schnellstmöglich tierärztliche Hilfe zu bekommen, hat Entwickler Thomas Hinze ein praktisches Hilfsmittel erfunden: Die VETFINDER App für iPhones und Androiden. Sie weist kostenlos und mobil den Weg zum nächsten Tierarzt – auch im Ausland. Wir

*Woher erhalten Sie die Daten der Tierarztpraxen und Kliniken? Und wie umfassend ist Ihre Datenbank heute?*

Der Großteil, der im VETFINDER verzeichneten Tierärzte und Kliniken wird durch mühevolle Eigenleistung zusammengetragen. Zusätzlich werden regelmäßig fehlende Tierärzte von Nutzern des VETFINDER vorgeschlagen, und durch eine Redaktion überprüft. Derzeit findet der VETFINDER fast 30.000 Tierärzte und Kliniken weltweit.

### Wie finanziert sich die App?

Der VETFINDER ist für Tierhalter völlig werbefrei und gratis. Finanziert wird unser Dienst aus den Beiträgen, die Tierärzte für eine umfangreich Darstellung ihrer Leistungen im VETFINDER zahlen. Der Betrag ist so gering, dass sich langfristig jeder Tierarzt an diesem Dienst beteiligen kann. Die Angaben kommen auf diese Weise immer aus erster Hand.

### Was sind die technischen Voraussetzungen, um die App zu nutzen?

Die VETFINDER App gibt es als kostenlosen Download für iPhone und Android. Die Standortbestimmung erfolgt per GPS oder WLAN. Für den Datenabruf wird der Zugriff auf das Internet benötigt. Für mobile Geräte mit anderen Betriebssystemen steht eine optimierte Webseite mit ähnlichen Funktionen wie in der App zur Verfügung. Die Seite funktioniert natürlich auch auf heimischen Computern.

## VETFINDER

Mehr Infos unter:
www.vetfinder.mobi

---

# Shopping & Lifestyle
# Leben & Arbeiten

Shopping und Lifestyle werden für Münchener Stadthunde immer wichtig. Dementsprechend gibt es jede Menge notwendige und praktische Dinge, aber auch einfach nur nette Accessoires für sie zu kaufen. Sogar Messen und die Künstlerwelt haben die Zamperl entdeckt. Und nicht zuletzt erobern Münchener Vierbeiner auch die schicken Großstadtbüros.

# Im Trend: Hundeshops in München

## hundskerle – Exklusives aus aller Welt

Schon seit 2006 vertreiben Frauke Artz und Arno Krischer ihre außergewöhnlichen, meist in kleinen Manufakturen gefertigten Hundeprodukte im Internet. Im Jahr 2011 kam ein schmuckes Ladengeschäft in Vaterstetten bei München hinzu. „Wir schätzen Design und geben schlichtem Stil, wertiger Handarbeit und bodenständiger Robustheit den Vorzug. Ständig sind wir auf der Suche nach neuen Produkten, die zu unserem Portfolio passen. Und was wir nicht finden, entwickeln wir selber", beschreibt die Marketingexpertin ihre einmalige Produktpalette.

Frauke Artz im Laden der Hundskerle

Ob Massai-Halsbänder aus Kenia, Tauwerkleinen von hoher See oder hippe Kollektionen aus New York – das stilvolle Angebot kommt aus allen Teilen der Welt. Bis auf das Futter! Dieses stammt aus dem bayerischen Umland und ist in Bio- oder Lebensmittelqualität.

Ein Hunderucksack aus Loden, Dogbars aus verschiedenen Holzarten für jede Hundegröße und robuste Hundekissen aus Kunstleder runden das ausgefallene Sortiment von den hundskerlen ab. Besonders stolz ist Frauke Artz auf ihre eigene Kollektion wie z. B. das praktische Filzlager für unterwegs und stylige Halsbänder im Dogdesign.

Die Onlinekunden der hundskerle kommen von München bis New York. Doch auch die Kunden im Ladengeschäft sind nicht nur aus der direkten Umgebung, sondern teilweise aus ganz Deutschland, da sie oft gerade auf der Durchreise sind und den Shop aus dem Internet kennen. Selbstverständlich können die Produkte bei den hundskerlen getestet und anprobiert werden.

Wiinblad auf dem Filzlager der hundskerle

Ein besonderer Service des sympathischen Hundeladens im Münchener Osten sind Seminare und Workshops zu Themen wie Beschwichtigungssignale oder gesunde Ernährung. Hier erfahren Interessenten einen Abend lang fundiertes Know-how von Hundeexperten. Auch Mantrailingkurse bieten die Hundefreunde – zusammen mit der Hundeschule Nasenmeister – an.

## hundskerle

Wendelsteinstraße 10
85591 Vaterstetten bei München
Tel. Laden: 08106-2130282
Tel. Büro: 089-46200051
Fax: 089-46200052
Mail: info@hundskerle.de
Web: www.hundskerle.de

## Der hundskerle-Tipp für Neuhundebesitzer

Die Grundausstattung für einen Welpen ist:
• ein weiches, nicht zu schmales und mitwachsendes Halsband mit verstellbarer Leine
• ein robustes und pflegeleichtes Bett in der Größe des ausgewachsenen Hundes
• ein Reisebett für unterwegs – z. B. das Filzlager der hundskerle
• auf den Welpen abgestimmte Nahrung inkl. Leckerli und Knabbereien
• je nach Rasse Spielzeug wie Apportierknochen, Dummy o. ä. – kein Quietschspielzeug
• Literatur über Rasse und Welpen-Erziehung und den Stadtführer für Hunde „FRED & OTTO unterwegs in München"
• Leckerlibeutel für den Zweibeiner.

# Gipfelhunde

## Mit dem Hund auf den Berg

Bei klarem Südföhn sieht man von München aus die Alpen. Kein Wunder also, dass es die Münchener Zamperlfreunde in die Berge zieht. Natürlich darf dann die richtige Ausrüstung nicht fehlen. Im Hundeshop Gipfelhunde in der Au bietet Isabel Weihermann seit 2010 das passende Outdoorequipement für Hunde an. Hier finden bergbegeisterte Tierfreunde funktionale und sinnvolle Hundeaccessoires, die es eben nicht bei jedem Discounter gibt. Von Leinen über Halsbänder, Spielsachen und Co. sind die meisten Produkte vor allem allwettertauglich. Natürlich hat der hochspezialisierte Laden ausgewähltes Futter, Leckerli und gesunde Kauartikel im Programm.

Mit dem richtigen Hundegeschirr ist ihr Hund auch Outdoor sicher unterwegs

Doch auch an die Zweibeiner hat Weihermann, die Gestalterin für visuelles Marketing, gedacht: Sie erhalten bei ihr T-Shirts mit Hundemotiven, die auf Wunsch sogar individuell angefertigt werden.

Übrigens bieten die Gipfelhunde zudem Discdogging und entsprechendes Zubehör an.

Service wird in dem Bergladen für Hunde ganz groß geschrieben, da die Ausrüstung spezieller Beratung bedarf und vor allem direkt am Hund anprobiert werden muss.

### Gipfelhunde

Humboldstraße 5, 81543 München, Tel.: 089-52032727, Mail: info@gipfelhunde.de, Web: www.gipfelhunde.de

Öffnungszeiten: jederzeit nach Vereinbarung unter 0179-2073332 oder MO - FR 10 -13 Uhr

### Die Gipfelhunde empfehlen für den Berg:

- ein anatomisch geformtes, gepolstertes und ausbrechsicheres 5-Punkt-Sicherheitsgeschirr
- Bauch- oder Klettergurt für den Besitzer (gibt Händefreiheit)
- flexible Leine
- eine Wasserflasche inkl. Faltnapf
- ein kleiner, leicht verdaubarer Kausnack z. B. getr. Pansen und/oder Bananen oder Äpfel
- leichte und warme Hundedecke
- Notfallapotheke für den Hund
- bei Mehrtagestouren einen Hunderucksack für Futter, Decke und Co.
- im Winter Booties und eventuell eine Softshelljacke

# Wundertier

## Erste Drogerie für Hunde

Was ist der Unterschied zwischen einem normalen Shop und einem Drogeriemarkt? Das Sortiment! Denn in einem Drogeriemarkt gibt es Heilmittel, Artikel für die Schönheitspflege, biologische Reformprodukte und vollwertige Nahrungsmittel sowie allgemeine Artikel für Haus und Garten. Doch für sein Haustier musste man sich dieses Angebot bisher mühsam im Internet zusammensuchen – eine eigene Drogerie gab es nicht. Genau auf diese Marktlücke hat sich die ehemalige Marketingmanagerin Ute Holzmann mit Wundertier, dem ersten Drogeriemarkt für Haustiere, in München spezialisiert. Seit 2012 existiert der etwas andere Hundeshop in Schwabing. Holzmann erfreut sich immer größerer Beliebtheit: Inzwischen kommen auch Kunden aus dem Münchener Umland in das Ladengeschäft.

Während Humandrogerien – die früher sehr beratungsintensiv waren – mittlerweile fast nur noch SB-Märkte sind, wird bei Wundertier das kompetente Fachgespräch besonders groß geschrieben. Holzmann hat dafür nicht nur eine Ausbildung zur Tierernährungsberaterin am Paracelsus Institut München abgeschlossen, sondern bildet sich stets in Kursen für Diäten, Heilkräuter und frei verkäufliche Arzneimittel weiter. Ihr geht es vor allem darum, ein ganzheitliches Konzept für die Tiere anzubieten. Dafür macht Holzmann per Computerprogramm eine Bestandsaufnahme, wertet die

Ernährungsweise des Hundes aus, berücksichtigt Alter, Rasse und Gewicht und kann so ein individuelles Programm für den Hund erstellen. Außerdem arbeitet die Drogistin bei schwierigen Fällen mit einer Tierärztin und Heilpraktikerin zusammen.

Ute Holzmann in ihrem Ladengeschäft in der Garchinger Straße

Das Angebot von Wundertier umfasst natürliche Antiparasiten und Zahnpflegemittel, Shampoos und Pflegeprodukte, artgerechte Natur- und Bio-Futtermittel, Nahrungsmittelergänzungen sowie ausgewählte Spielsachen und Accessoires. Außerdem gibt es noch ein Katzensortiment, Produkte für Pferde, Nagetiere sowie für Fische. Demnächst soll es die Wundertierpalette übrigens auch im Onlineshop geben.

Diese Produkte sollten in keinem Hundehaushalt fehlen

**Diese Drogerieartikel sollten in keinem Hundehaushalt fehlen:**

- Produkt zur Stärkung der Darmflora und zur besseren Futterverwertung
- Seealgenmehl gegen Zahnstein, für schönes Fell und gute Verdauung
- antibakteriell ausgerüstete Mikrofaser-Pads zur Zahn-, Augen-, Ohren- und Fellreinigung
- Bernsteinkette gegen Zecken
- Torgas-Kauwurzel für die Zähne (und den Spaß)

**Wundertier**

Garchinger Str. 36, 80805 München, Tel.: 089-17929942, Web: www.wunder-tier.de

# Handgemachtes für Fellnasen

## Sozial produziertes Tierzubehör von Treusinn

Treu sein macht Sinn – das wissen Hundebesitzer. Das Wortspiel hat ein junges Münchner Label sich zu eigen gemacht: „Treusinn". Das kommt aus dem Althochdeutschen und heißt: Redlichkeit. Die beiden Macherinnen, Simone Rosner und Stephanie Lang, wollen genau das ausfüllen: „Unsere Hunde stehen für Ehrlichkeit und Offenheit, sie sind unsere treuesten Begleiter. Es ist unsere Philosophie Dinge zu entwickeln, die dies widerspiegeln", erzählt Simone Rosner.

Treusinn betreubt einen Online-Shop und verkauft im Fachhandel seine Produkte – und die Hundespielzeuge, Näpfe und Leinen lassen sich sehen. Das Design ist alltagstauglich, durchdacht und sieht toll aus. „Eben das hat uns gefehlt, Produkte, die den Bedürfnissen unserer Hunde gerecht werden und haltbar sind", erklärt Stepha-

nie Lang. Als Verhaltenstrainerin und Tierpsychologin weiß sie, wovon sie spricht. Sei es die Leckerli-Tasche, die aus LKW-Planen hergestellt wird und durch das verwendete robuste, wasserabweisende Material eine gute Alternative zu den herkömmlichen Beuteln darstellt oder die stilvolle, aber leicht zu reinigende Hundedecke aus Filz, die den Hunden ein perfektes Plätzchen für alle Gelegenheiten bereitet.

Neben dem Design gefiel FRED & OTTO aber vor allem auch eins: Das Label lässt in sozialen Werkstätten alles „Made in Germany" produzieren. Diese Form von Nachhaltigkeit können wir tatsächlich empfehlen.

---

## Treusinn

Weißenburger Str. 19 RGB
81667 München
Tel.: 089-6214 64 55
Fax: 089-6223 10 77
Mail: info@treusinn.de
Web: www.treusinn.de
Facebook: www.facebook.com/Treusinn

# Portrait Royal – Evolution im Kunsthandwerk

## Freddy und Coshima Weigl definieren Tierportraits neu

Wir alle kennen die detaillierten Kupferstiche von Albrecht Dürer. Doch haben Sie auch gewusst, dass das Stichelhaarfell – also eingestreute weiße Haare im Tierfell – vom Kupferstich kommt? Genau diese Optik machten sich Flachstichgraveur Freddy Weigl und seine Tochter Coshima zunutze. In jahrelanger Feinarbeit entwickelten die beiden ihr innovatives Handwerkstalent: Farbige Kupferstiche mit Goldgravur.

„Ein Ausrutscher und das ganze Bild ist ruiniert", erklärt Freddy Weigl seine manuelle Präzisionsarbeit an einem Hundeportrait. Behutsam graviert der Künstler jedes einzelne Haar des Hundefells mit einem geschliffenen Facettenstichel. Nur mit ruhiger Hand, der Wahl des richtigen Werkzeugs und der Präzision eines Uhrmachers erhält das Portrait seinen changierenden Glanz. Insgesamt etwa 50.000 Stiche setzt Weigl an einem 30 mal 40 Zentime-

Freddy und Coshima Weigl vor ihrem Werk „Idefix"

ter großen Bild an. Das sind 80 bis 100 Arbeitsstunden. Doch damit nicht genug: Die Weigls benötigen sechs aufwendige Schritte bis aus einem Foto ein gerahmtes Kunstwerk wird. Zunächst wird die Vorlage digital bearbeitet. Dann werden eine Skizze und eine Reinzeichnung erstellt, die übrigens an sich schon Vorzeigecharakter haben. Nun kommt Farbe auf die hochglanzpolierte Kupferplatte bevor die aufwendige Gravur beginnt. Erst im vorletzten Arbeitsgang geben Gold, Silber, Rot-, Weiß- und Schwarzgold dem Portrait sein lebendig schimmerndes Aussehen, bevor es abschließend versiegelt wird.

„Über fünf Jahre haben meine Tochter und ich an dieser Technik gefeilt", erzählt Weigl, „und erst jetzt fühlen wir uns bereit, sie kunstinteressierten Tierliebhabern vorzustellen." Verständlich, dass bisher noch

Freddy Weigl graviert.

keiner auf das faszinierende Spiel mit Gravurtechnik und Farbe gekommen ist. Wir betrachten den sogenannten Idefix, ein Weigltypisches Hundeportrait vor blauem Hintergrund, genauer. Er wirkt erstaunlich lebendig. Die Augen strahlen und man meint, der kleine Hund würde einen immer anschauen. Mit gezielt gesetzten Lichtspots wird die Wirkung sogar noch verstärkt. Der irisierende Glanz gibt dem Bild zudem einen gewissen 3-D-Charakter.

Die Weigls sind schon seit Generationen eine Kunsthandwerkerfamilie. Während Urgroßvater und Großvater Kunstschmiede waren, verdingte sich die Urgroßmutter als Tapeten- und Stoffmusterdesignerin, die Großmutter war Kunstmalerin. Das Kunstgen liegt der Familie sozusagen im Blut. In diesem Jahr feiert der vielfach ausgezeichnete Flachstichgraveur Weigl sein 30-jähriges Betriebsjubiläum. Deshalb ist er besonders stolz, seine weltweit einmalige, wortwörtlich brillante Gravurtechnik präsentieren zu können. Übrigens: Abkupfern – das Wort kommt aus der Reproduktionsmöglichkeit durch den Kupferstich – von Weigls Kunst ist schwer möglich. Wer sich die exklusiven Tierportraits mit Glanzstichgravur einmal anschauen möchte, kann die in der Dauerausstellung der Kunstpassage im fünf Sterne Hotel Bayerischer Hof in München tun.

## Weitere Infos

www.portrait-royal.com.

# „Sind das alles Ihre?!"

## Ein unterhaltsames Buch über das Leben mit behinderten und alten Hunden

Geboren in Hamburg, hat Franziska Feldsieper schon viel gesehen in ihrem Leben. Und alles, was sie sieht und erlebt, wächst in ihrem Kopf zu einer lustigen, manchmal auch tiefsinnigen Geschichte zusammen. Und dann muss diese raus, aufgeschrieben werden, so dass wieder Platz für Neues ist. Schon als Teenager hat die Hamburgerin Kurzgeschichten geschrieben. Zudem veröffentlichte sie lange Zeit im Fürstenfeldbrucker Kreisboten erst Kolumnen, später auch Reportagen. Bis sie 2010 mit Erfolg ihr erstes Buch „Sind das alles Ihre?!" herausbrachte. Eine kurzweilige Lektüre über das Leben mit einer ganzen Hundeschar. Wir sprachen mit dem nordischen Multitalent über das Buch, ihre Hunde und zukünftige Projekte.

*„Sind das alles Ihre?!" ist der Titel Ihres ersten Buches über Hunde. Wie kam es zu dem Titel und was ist der Inhalt?*
Wir leben schon seit vielen Jahren mit sechs alten und behinderten Hunden zusammen. Ein paar der Hunde im Buch sind leider schon verstorben, aber natürlich haben wir wieder „neue alte" adoptiert. Der Titel bezieht sich auf die meist ziemlich erstaunte und irritierte Reaktion der Menschen, die kaum glauben können, dass eine so große, bunt gemischte Hundetruppe zu uns gehört. Im Buch beschreibe ich urkomische Situationen, die das Leben zum Beispiel mit einem stark sehbehinderten und dementen Pekinesen oder blinden, aber trotzdem jagdbegeisterten Podenco mit sich bringt. Und ich zeige augenzwinkernd, dass auch Hundetrainer nur Menschen sind und ihre „Leichen im Keller" haben, was aber nur die wenigsten zugeben. Nobody is perfect. Herausgekommen ist ein Buch mit 22 meist satirischen Hundekolumnen.

*Können Sie unseren Lesern eventuell in Kurzform Ihre persönliche Lieblingsgeschichte aus Ihrem Buch erzählen?*
Schwierig, eigentlich haben wir mit jedem einzelnen unserer Hunde wunderbar komische Geschichten erlebt. Vielleicht die: Einmal war ich mit einem Hund im Buggy sowie drei anderen unterwegs. Einer davon war der geistig behinderte Beagle-Labby-Mischling Taco. Der Arme sah etwas verwegen aus, da er nach mehreren Schlaganfällen ein schiefes Gesicht hatte. Unvorsichtigerweise ließ ich Taco

frei an der Schleppleine laufen und nahm die ganzen Vorzeichen leider nicht wahr. Taco sah ein Reh und weg war er. Mit Buggy und den beiden anderen Hunden im Schlepptau, konnte ich gar nicht so schnell reagieren, wie Taco über eine Wiese davonsauste. Auf der anderen Seite der Wiese kam ein Fußgänger mit Hund. So hechtete ich über die Wiese, zwei meiner Hunde hinterher und ich rief dem Spaziergänger in meiner Verzweiflung zu: „Halten Sie den Hund fest, der ist geistig behindert!" Am Gesichtsausdruck konnte ich erkennen, dass mein Gegenüber gerade überlegte, ob auf mich nicht auch selbiges zutraf. Und schmunzelte innerlich darüber, dass die Behinderung eine schöne Ausrede sei, warum das mit der Erziehung nicht funktioniert hatte.

*Urkomisch – Das klingt nach mehr! Wie ist das Buch denn bei den Lesern angekommen?*

Das Feedback der Leser ist durchweg positiv. Selbst Leute, die nur einem Hund haben, konnten sich köstlich amüsieren und natürlich haben sich viele Mehrhundebesitzer in meinen Geschichten wiedererkannt. Viele fanden meine Ehrlichkeit, dass auch mir als Hundetrainer manchmal Pannen passieren, eher sympathisch und beruhigend.

*Wir sind schon ganz gespannt auf Ihr nächstes Buch. Haben Sie schon etwas in Planung?*

Nun ja, mit unserem neuen Hundeteam erleben wir wieder viele schräge Geschichten. Im Moment sind sie in Kolumnenform wieder alle im Kopf drin, doch derzeit finde ich einfach nicht die

Buchcover „Sind das alles Ihre?!"

Zeit, sie aufzuschreiben. Persönlich ziehe ich mich gerade aus dem Hundetrainerleben weitgehend zurück, da ich mit meiner Hunde- pension "Isarwinkel" in Penzberg quasi „sesshaft" geworden bin. So kann ich viel Zeit mit unseren Hunden und den Gasthunden verbringen. Dann wird bestimmt auch eines Tages Band II von „Sind das alles Ihre?!" erscheinen.

# Kunterbunte Hundstage

## Die Münchener Heimtiermesse

Ob Mops-Model-Casting oder Retriever-training, Dogdancing oder Zughundesport – auf der Heimtiermesse in München ist für jeden Hund etwas geboten. Natürlich kommen auch die Besitzer nicht zu kurz. Schon zum dritten Mal findet die tierische Veranstaltung in der Landeshauptstadt München statt. Im Mai 2013 haben insgesamt 8.500 Besucher 93 Aussteller auf 5.046 Quadratmeter besucht. Zu sehen gab es ein unterhaltsames Bühnenprogramm, Produkte, Informationen und Ideen für eine aktive Freizeitgestaltung mit Hund. Bei der nächsten Heimtiermesse vom 28.-30. März 2014 geht es mindestens genauso spannend zu:

### Sir Henry lädt zum Model Casting

Aufgrund des großen Erfolgs bei seiner ersten Mops-Castingshow lädt Münchens bekanntester Mops Sir Henry wieder alle Möpse auf den Laufsteg ein. Wie letztes Jahr soll der Erlös des Castings – in 2013 kamen stolze 520 Euro zusammen – für den guten Zweck gespendet werden. Gerne möchten er und sein Frauchen Uschi Ackermann das Ergebnis aus 2013 toppen.

### Hunde-Frisbee und IQ

Die Schweizer Hundetrainerin Alexandra Taetz von Hundenatur stellt auf der Münchener Heimtiermesse Beschäftigungsmöglichkeiten wie Hundefrisbee, Retrievertraining und Hunde-IQ vor. Neben den Vorführungen bietet ein zusätzlicher Messestand weitere Informationen und auch das passende Zubehör für die vorgestellten Hundeaktivitäten an.

### Dogdance mit Mia Köppel

Aus Dog-Dance, Jad-Dogs und Longieren besteht das faszinierende Bühnenprogramm der bekannten Hundetrainerin Mia Köppel. Und das Beste: Nach den Vorführungen kann jeder Interessent in praxisnahen Workshops die tollen Hundekunststücke einmal selbst ausprobieren.

### BOZITA-Agility-Parcours

Hundefutterhersteller Bozita stellt für alle Besucherhunde einen kostenlosen Agility-Parcours im Baukastensystem auf. Bei diesem einzigartigen Trainingskonzept können sich sportlich ambitionierte Fellnasen und ihre Besitzer in ihrer Agility – zu Deutsch „Flinkheit/Wendigkeit" – prüfen.

### Hautnah: Schlittenhundeweltmeister Uwe Radant

In einer atemberaubenden Multimedia Show stellt der dreimalige Musher-Weltmeister Uwe Radant seine außergewöhnliche Arbeit mit den Schlittenhunden vor. Zudem gibt es unter der fachmännischen Beratung des Norddeutschen jede Menge Equipment rund um den Zughundesport zu kaufen.

Hundetricks auf der Showbühne

## animonda Fitness- und Gesundheitscheck

Ist Waldi zu dick oder braucht Minka mehr Abwechslung in der guten Stube? Der Hundefutterhersteller Animonda bietet auf der Heimtiermesse einen kostenlosen Gesundheitscheck für Hunde und Katzen an.

## Kinderparty

Am Freitag, den 28. März startet die lustige Kinderparty für alle Kindergarten-, Hort- und Schulkinder. Die kleinen Tierfreunde sind eingeladen, die interessante Tierwelt von Aqua- und Terraristik, über sprechende Vögel, Kaninchen, Rassekatzen bis hin zur Hundewelt anzuschauen, bei verschiedenen Aktionen mitzumachen und das tolle Programm auf der Showfläche zu erleben. Eintritt: für alle Kindergarten-, Hort- und Schulkinder frei.          * Änderungen vorbehalten

### Heimtiermesse München

Termin: 21.- 23. März 2014
Öffnungszeiten: 10:00-18:00 Uhr
Weitere Informationen gibt es unter:
www.muenchner-heimtiermesse.de

# Messe- und Veranstaltungs- tipps

### 27.- 29. Juni 2014: h.und - Hundefestival und Ideenmarkt in Greifenberg

Das Hundefestival im Schlosspark Greifenberg ist fast ein Muss für alle Hundefreunde. Hier gibt es an einem Wochenende die neuesten Trends, atemberaubende Showeinlagen und spannende Vorträge rund um das Thema Hund zu sehen. Natürlich ist auch Mitmachen angesagt: Ob Hundekekse backen oder Dogdance – auf der h.und ist für jeden Geschmack etwas dabei. Ehrengäste sind im Juni 2014 Apportier-, Wasser- und Stöberhunde.
h.und, Schlosspark, 86926 Greifenberg, Tel.: 08192-267, Web: www.hundefestival.de

### It's Party-Time

Frühling, Sommer, Herbst und Winter: Im Tierheim München findet regelmäßig ein Fest für die Tiere statt. Ziel: Freunde finden und Spendengelder sammeln, die das Tierheim unbedingt braucht.
Tierschutzverein München e.V., Riemer Straße 270, 81829 München, Tel.: 089-921 000-0, Web: www.tierschutzverein-muenchen.de

### Frühjahr: Hundeausstellung IHA München

Wer sich für Rassehunde interessiert findet auf der IHA sicher viele interessante Themen. Dank des Verbands für das Deutsche Hundewesen findet diese internationale Hundeausstellung einmal im Jahr in München statt. Zudem sind ein spannendes Showprogram und jede Menge Mitmachaktionen geboten. VDH Bayern e.V., Thorwaldsenstraße 29, 80335 München, Tel.: 089-1234282, Web: www.vdh-bayern.de

# Schnüffelnasen im Berufsalltag

## Hunde bei der Arbeit

Zugegeben: Wer selbständig und vor allem von zu Hause arbeitet, kann sein Zamperl problemlos auch tagsüber betreuen, aber was ist, wenn zudem Parteiverkehr herrscht und mehrere Hunde- und nicht Hundemenschen beruflich aufeinandertreffen? Wir haben verschiedenste Unternehmen in München besucht, die alle eins gemeinsam haben: Ein Herz für Hunde.

„Hunde und Kinder sind in unserem Friseursalon herzlich willkommen!", betont Sonja Schumann und lädt zur Demonstration ihrer Überzeugung gleich eine Kundin mit zuckersüßem Labradorwelpen zu einem Fototermin ein. Hundedecke und Futternapf stehen bereit und natürlich gibt es auch ein Leckerli als Belohnung für die Hundegeduld, während das Frauchen sich fotografieren lässt.

Zwei Straßen weiter liegt das Caméléon, das supermoderne Kosmetikstudio gehört ebenfalls der Beautyexpertin Schumann. Die beiden Möpse Josepha und Antonia von Mitarbeiter Rainer Tietjen gehören schon fast zum Inventar. Beschwerden hört der Kosmetiker oft, aber nur, wenn die Möpse mal nicht da sind: „Dann stellen die Kunden schon fast wehmütig fest, dass ihnen im Studio etwas fehlt. Manche kommen sogar auch zwischendurch einfach mal nur vorbei,

Bei Sonja Schumann dürfen Hunde mit in den Friseursalon

um meinen beiden Mädels guten Tag zu sagen." Zwar dürfen sich die Hunde aus hygienischen Gründen nur im vorderen Bereich aufhalten, doch da fühlen sie sich sozusagen Mopswohl.

### Tierfotos fördern Produktivität

Laut einer Studie von Hiroshi Nittono, Professor für kognitive Psychologie in Japan, sollen schon allein Tierfotos im Büro die Produktivität steigern. Wie mag es dann wohl mit echten Tieren aussehen? Bei Terra Canis, dem Hersteller für artgerechte Hundenahrung in Lebensmittelqualität aus München, gehen derzeit fünf Hunde ein und aus. Vielleicht tragen die lebendigen Vierbeiner ja indirekt zum Erfolg des Unterneh-

mens bei? „Die Hunde wirken sich vor allem auf die generelle Stimmung der Mitarbeiter aus", beschreibt Birgitta Ornau, Gründerin und Geschäftsführerin des Unternehmens, den Büroalltag, „wir haben jeden Tag viel zu lachen und ich bin davon überzeugt, dass die Mitarbeiter entspannter sind, wenn ihr Hund dabei ist. So müssen sie sich nicht ständig um ihn sorgen. Schließlich schafft man sich ja keinen Hund an, um ihn den ganzen Tag in Pflege zu geben."

## Hunde verdienen Lebensunterhalt

Klar, dass Unternehmen aus der Branche hundefreundlich sind, aber was macht bitteschön ein Hund im Residenztheater? Büh-

nenpförtner Rainer Rosner, hat seine Mischlingsdame Leila nicht nur immer dabei, sie ist sogar schon als Schauspielerin eingesetzt worden. Und – wenn der Chef mal kurzzeitig nicht da ist – verdient sie sich ihr Abendessen als selbsternannte Bühnenpförtnerin: Leila übernimmt wie selbstverständlich Rosners Platz am Eingang.

Auch Siska, die Mischlingsdame der SPD-Stadträtin Bettina Messinger, kommt mit ihrem Frauchen fast täglich mit ins Büro. Hier darf sie im 6. Stock des Gewerkschaftshauses frei herumlaufen Die meisten Kollegen Messingers freuen sich über die willkommene Abwechslung: Vom Ballspielen, über meditatives Hundekraulen bis hin zum Gassigang zur Poststelle finden sie

Christine Proske mit Svenja im Büro

immer wieder eine schöne Beschäftigung für den Wau. Die Hundedame begleitet ihre politisch engagierte Besitzerin zudem oft zu Infoständen. So kommt es schon mal vor, dass andere Hundebesitzer ihre Anwesenheit gegenüber dem eigenen Fifi löblich mit den Worten: „Schau mal, der Hund verdient sich seinen Unterhalt selbst." kommentieren

Im MOC scheinen Hunde schon fast Tradition zu sein. Sarah Schlangenotto von Berghaus nimmt ihre Nika täglich mit ins Office. Auf dem Weg begrüßt die freundliche Hundedame sogar jede einzelne Schaufensterpuppe, bevor sie es sich unter dem Schreibtisch ihres Frauchens gemütlich macht. Die Marketingverantwortliche ist davon überzeugt, dass kleine Streichelpausen im Büro die Produktivität des Teams steigern. Sogar der Postbote kommt täglich vorbei, auch wenn er keine Post hat.

Ein Leckerli für den Bürohund hat er immer dabei.

## Gassirunden für Meetings nutzen

„Wir nutzen die Gassipausen mit dem Hund öfter mal für Brainstorming-Meetings", erzählt Christine Proske, Inhaberin der Literaturagentur Ariadne-Buch, "außerdem ist eine Hunderunde zwischendurch hervorragend, um in Krisensituationen einmal richtig durchatmen zu können." Bei Kundenbesuch wird übrigens vorher gefragt, ob eventuell Vorbehalte gegen den Hund im Büro bestehen. Meist aber wirkt sich der Vierbeiner im Office sehr positiv aus: So gibt's immer einen sympathischen Einstieg für den Small-Talk. Proskes Wunsch: „Es wäre schön, wenn wir immer mehr Arbeitgeber davon überzeugen könnten, Hunde am Arbeitsplatz zu erlauben."

Werbung

# Garten Teich

## Das Wassergarten-Magazin

- Stilvolle Teiche & Wasserspiele
  für kleine & große Gärten
- Inspirationen zum Genießen & Selbermachen
- Praktische Anlage- und Gestaltungstipps
- Schöne Pflanzen & Tiere im und am Teich
- Technik & Pflege ganz einfach
- Exklusive Einblicke in die schönsten Gärten

Einfach per Telefon oder online bestellen

**Leser** *Service* 07 243/575-143

service@daehne.de • www.gartenteich.com

**Dähne** Verlag
*Ich weiß.*

Dähne Verlag GmbH
Postfach 10 02 50
76256 Ettlingen
Tel. +49 / 72 43 / 575
service@daehne.de
www.daehne.de

# www.gartenteich.com

# Wer Tiere führen kann, hat Managerqualitäten

## Coaching mit Hund

Dem Hund ist es gleich, ob ein Vorstand oder eine Putzfrau vor ihm steht – er gehorcht dem Menschen, der deutlich die besseren Führungsqualitäten zeigt. Klare verbale und nonverbale Ansagen, zeitnahe Vermeidung negativer Verhaltensweisen und positive Verstärkung sind das A&O der Hundeerziehung. Und sie sind auch der Weg zu einem zufriedenen Unternehmensrudel. Rudelführer ist, wer im richtigen Moment Stärke zeigt, vorausschauend Gefahren abwehrt und selbstsicher mit heiklen Situationen umgeht. Beim Managementcoaching mit Hunden zeigt das sensible Tier sofort, was es von den Führungsqualitäten am anderen Ende der Leine hält. Denn die Körpersprache des Hundes lügt nicht, ist unmittelbar und zeigt Erfolg schon bei minimalen Korrekturen des Führungsverhaltens. Das direkte Feedback in Verbindung mit Spaß an der Arbeit mit Tieren macht die neue Trainingsmethode höchst interessant. Dabei geht es nicht um lauten Kasernenton, sondern das bewusste Verwenden verbaler und nonverbaler Signale, Führungsstile und Selbsterkenntnis für eine vertrauensvolle Beziehung zwischen Mensch und Tier.

Frauke Artz von Artz-Consulting

Wer schon immer wissen wollte, wie führen funktioniert, seine Wirkung auf andere testen und auch seine Mensch-Hund-Beziehung verbessern möchte, für den bietet die Unternehmensberatung Artz-Consulting mit dem Angebot „hundskerle coaching" ab Januar 2014 Coaching mit Hund an. Die Seminare und Workshops richten sich an Führungskräfte, kleine Unternehmen sowie Privatpersonen. Interessenten wenden sich an info@artz-consulting.de.

# Liebe geht über den Hund

## Wie ein Start-Up Hund und Menschen zusammenbringt

Neulich im Park staunten wir nicht schlecht: Da hingen Zettel mit einem kuriosen Bild – ein Hund in Yogastellung, darüber die Frage: Haben Sie diesen Hund gesehen? Es war eine Werbeaktion des Berliner Start-Ups Snoopet. Und wenn was mit Hunden zu tun hat, ist es natürlich sofort unser Thema. Snoopet ist ein Kontaktportal für „Hundeliebhaber in Deutschland" heißt es auf www. snoopet.de. Es ist ein soziales Netzwerk, das Menschen und ihre Hunde mit gleichen Interessen in der näheren Umgebung zusammenbringt. So eine Art Facebook für Hund und Halter. Über die Webseite www.snoopet. de kann man ein Profil von sich und seinem Vierbeiner erstellen und sich mit anderen Usern austauschen – und mobil per Smartphone-App zu spontanen Treffen oder Hunde-Dates verabreden.

Wir sprachen mit der Gründerin von Snoopet, Larissa Maes, und wollten wissen, was Hundebesitzer von der Plattform haben:

*Snoopet bietet eine Gassi-Routen-App, mit der man sich verabreden kann. Wie groß ist da der Dating-Faktor?*

Bei Snoopet geht es vor allem darum, Spaß zu haben, neue Gassipartner zu finden, neue Gassi-Routen zu entdecken oder sich unkompliziert mit Bekannten zur Gassirunde zu verabreden. Aber ganz klar: Wer den Dating-Faktor sucht, wird ihn auf Snoopet sicher auch finden. Jeder kann für sich und seinen Hund ein Profil anlegen und dann direkt in passenden Profilvorschlägen stöbern. Als Highlight können Snoopet-User neue spannende Gassi-Routen entdecken und über die Smartphone – App ihre eigenen Lieblingsrouten anlegen. Zusätzlich können User mobil direkt in gelaufene Routen einchecken und sehen, wer die gleiche Route gelaufen ist.

*Wie sind Sie auf die Idee gekommen, Snoopet zu gründen?*

Ich bin selbst eine große Hundeliebhaberin und weiß deshalb, dass der Hund ein großartiger Gesprächsstoff-Garant und „Eisbrecher" ist. Ein mobiles Kontaktportal für Hundefreunde musste her! Und bei diesem sollte der Hund im Mittelpunkt stehen. Schließlich muss der eigene Hund einen neuen Freund oder die große Liebe ja auch „riechen" können – Hunde sind bei der Partnerwahl ein wichtiger Faktor.

*Welche Zielgruppe sprechen Sie genau an?*

Auf Snoopet kann sich jeder registrieren,

Larissa Maes, Gründerin von Snoopet, einem Berliner Start-Up, das Herrchen und Frauchen zusammenbringen will

der Hunde gern hat – ganz egal, ob er oder sie sich mit Gleichgesinnten austauschen will oder auf der Suche nach neuen Freunden, Gassi-Partnern oder der großen Liebe ist. Snoopet ist etwas für alle, die eine neue „Liebe mit Hund" suchen oder Menschen kennenlernen wollen, die „lieber mit Hund" sind.

### Kostet Snoopet Geld?

Alle Snoopet-Features sind kostenlos nutzbar – und Schritt für Schritt fügen wir weitere spannende Funktionen für Mensch und Tier hinzu. Jeder User kann sich kostenlos registrieren, für sich und seinen Hund ein Profil anlegen, direkt in den vorgeschlagenen Kontakten stöbern und natürlich die kostenlose Smartphone-App nutzen. Wir wünschen viel Spaß beim Schnuppern, Austauschen und Kennenlernen!

### Erzählen Sie uns eine Snoopet-Liebesgeschichte: Was erleben Ihre User mit

### Snoopet? Bekommen Sie da Rückmeldungen?

Snoopet gibt es ja erst seit November 2012 – damit stehen wir quasi noch unter „Welpenschutz". Aber tatsächlich hören wir schon jetzt regelmäßig von Freundschaften und Gassi-Partnern, die sich ohne Snoopet nicht gefunden hätten. Das freut uns natürlich tierisch und wir hoffen, dass sich noch viele weitere Menschen über den Hund kennen und vielleicht sogar lieben lernen!

## Snoopet

Snoopet ist das erste Kontaktportal für Hundebesitzer in Deutschland. Das soziale Netzwerk bringt sie und Menschen mit gleichen Interessen in der näheren Umgebung zusammen.
Mehr Infos unter: www.snoopet.de

# Bitte lächeln! Wie bekommt man ein gutes Hundefoto hin?

## Tipps und Tricks von Tierfotograf Christoph Baron von Vietinghoff

Das kennt jeder Hundebesitzer: Der Zamperl schaut gerade richtig toll, die Kamera ist parat und trotzdem kommt auf dem fertigen Foto nicht das rüber, was man eigentlich festhalten wollte. Mit ein paar kleinen Profi-Tricks kann jeder Hobbyfotograf ein faszinierendes Bild von seinem vierbeinigen Freund zaubern.

„Für ein schönes Tierfoto muss man sich schon mal zum Clown machen", erklärt Christoph Vietinghoff, freier Fotograf aus München. Er hat beim Arbeiten zum Beispiel eine Maultrommel dabei oder er lässt Seifenblasen steigen, um diesen schönen, wachen Hundeblick einzufangen. Wichtiger noch als die teuerste Ausrüstung ist nach seinen Erfahrungen die perfekte Bildkomposition. So bekommt man sogar mit dem Handy ein tolles Bild hin.

Nichtsdestotrotz ist natürlich eine gute digitale Spiegelreflexkamera mit hochwertigen Objektiven gerade für ambitionierte Hobbyfotografen das richtige Werkzeug. Doch alle Technik hilft nichts, wenn man sich nicht mit der Kamera und ihren Möglichkeiten auseinandersetzt. Auch das Zusammenwirken von Blende, Zeit und Iso

sollten bei hochwertigeren Tierfotos berücksichtigt werden.

Zwar spielt das Wetter beim Fotografieren eine große Rolle, aber auch bei Regen kann man durchaus zum Beispiel ein spannendes Pfützenfoto schießen. Vorausgesetzt, der Fotograf hat keine Angst, sich dreckig zu machen. Denn für eine aussagekräftige Szene muss er sich vielleicht sogar mal auf den Boden legen, da die Hundeperspektive oder niedriger manchmal ein sehr schönes Bild ergeben.

Wir alle kennen noch aus der Schule den so genannten Goldenen Schnitt, der letztendlich eine Zwei-Drittel/Ein-Drittel-Einteilung des Bildes ist. Eine weitere Möglichkeit dem Bild eine Spannung zu geben, ist, sich nach der Fibonacci-Spirale zu richten. Diese Schneckenhausähnliche Aufteilung des Bildes bietet weitere Einteilungen in denen das Motiv immer gut da steht.

### Raus ins Grüne!

Nicht zuletzt sollte bei einem Foto auch auf den Hintergrund geachtet werden. Tie-

Windspiel IG13, Titelbild des Jahreskalenders 2013

re lassen sich nun mal besser in der freien Natur als zum Beispiel im Haus oder vor Mülltonnen ablichten. Auch sollte auf den Lichteinfall geachtet werden. Am einfachsten ist es sicher das Motiv von vorne oder von der Seite zu beleuchten, solange der eigene Schatten nicht stört. Doch auch Gegenlichtaufnahmen können mit der richtigen Kameraeinstellung spektakulär aussehen, was aber eine gewisse Übung voraussetzt.

Die Krönung aller Tierfotos sind Actionbilder. Für diese sollten aber die Materie Zeit, Blende und Iso sicher beherrscht werden. Zwar gilt als landläufiger Geheimtipp, Tiere im Sportmodus aufzunehmen. Christoph Vietinghoff weiß aber, dass dies auch an-

ders geht: Er behält lieber stets das Model im Auge und fotografiert im Einzelbildmodus. Viel wichtiger ist ihm, sich Zeit zu nehmen, bis die gewünschte Szene im Kasten ist. Dies ist übrigens noch ein weiterer Tipp von dem Tierfotografen: Er beobachtet seine tierischen Modelle mindestens eine halbe Stunde bevor er fotografiert. So kann er ihren Charakter im Bild besser herausstellen.

Keiner redet drüber und doch macht es jeder: Digitale Nachbearbeitung. Was früher noch in der Dunkelkammer verbessert wurde, kann heute viel leichter über Programme wie Photoshop oder Gimp geschehen. Kaum ein Bild, das nicht bearbeitet

Flying Cyrano

wurde. Meist reicht es aus, eine Tonwertkorrektur vorzunehmen und den Kontrast zu bearbeiten. Last but not Least: Ohne stete Übung geht nichts. Mit etwas Talent werden Sie dann wunderschöne Fotos Ihrer Fellnase verwirklichen können. Vietinghoff bietet übrigens auch Tierfotokurse für interessierte Hobbykünstler an.

## Nähere Informationen

Christoph Baron von Vietinghoff, Bruderhofstraße 31, 81371 München, Tel.: 0176-48802304, Mail: info@morangos.de, Web: www.morangos.de

# Münchner Heimtiermesse

## 21. – 23. März 2014

weitere Informationen unter:
www.muenchner-heimtiermesse.de

TMS EVENT

www.tmsevent.de

# Großstadtpfoten und CITY DOG's

## Suzanne Eichel gibt Stadtmagazine für Hunde(besitzer) heraus

Mehr lokale Infos zur Hundeszene? FRED & OTTO empfehlen CITY DOG, das Magazin für Deutschlands Hundemetropolen Hamburg, Berlin und München. Hinter dem Magazin steht die Fotografin Suzan-

ne Eichel (47), selbst eine große Hundeliebhaberin und seit einigen Jahren nun schon verlegerisch tätig. „Als 2006 in Hamburg das Hundegesetz diskutiert wurde, merkte ich, dass die Hundehalter keine Plattform in der Stadt haben. Die meisten Probleme mit Hunden geschehen in der Stadt. Zwei- und Vierbeiner leben meist auf engem Raum zusammen, zudem sind viele Fellnasen ein Partnerersatz und werden zu sehr vermenschlicht", fasst Suzanne Eichel die Situation zusammen, als sie die folgenschwere Entscheidung traf: Ein eigenes Hundemagazin zu gründen – und seit nunmehr aufregenden sieben Jahren erfolgreich herauszugeben. Nach der erfolgreichen Einführung in Hamburg kamen 2009 München und 2012 Berlin dazu. Außerdem gibt es unregelmäßig Sonderpublikationen, wie ein Spezial über Ferien mit Hund, verschiedene Beilagen über artgerechte Gassibekleidung oder auch mal einen Kauknochen zum Testen.

Das redaktionelle Konzept umfasst Themen, mit denen sich Hundehalter auseinandersetzen müssen: Von Recht und Politik, über Ernährung bis zu Gesundheitsfragen. Im Gegensatz zu anderen Magazinen bietet CITY DOG zudem viele lokale Infos, stellt Ausflugstipps vor und interessante Repor-

Suzanne Eichel Gründerin des Magazins CITY DOG (Foto: Sabine Gudath)

tagen aus den jeweiligen Metropolen.

Woher die Themen kommen? „Meine Mischlingshündin Gipsy spielt als Blattmacherin eine wesentliche Rolle. Sie kam aus einer einseitigen Haltung mit fünf Jahren zu mir, war sehr ängstlich und ich musste mit ihrer Erziehung quasi von vorne anfangen", erzählt Suzanne Eichel. Auch der Verlust ihres Frauchens nagte an ihrer Hundeseele. Der Umgang mit ihr ließ sie tiefer in die Materie einsteigen und die Bedürfnisse der Hundehalter noch besser verstehen: Sei es das menschliche Prozedere beim Gassigehen, die Ängste mancher Besitzer oder die Schwierigkeit der Sozialisierung. Um stets am Puls der Hundebesitzer zu sein,

bietet die CITY DOG-Chefredakteurin Stadtspaziergänge mit ihren Lesern an, und die werden, ebenso wie das Magazin, begeistert angenommen.

Alle zwei Monate kommt das Magazin in den drei Metropolen Hamburg, Berlin und München heraus zum Preis von 2,80 Euro.

## CITY DOG

Das Magazin für Hamburg-Berlin-München
Keplerstraße 37
22763 Hamburg
Tel.: 040-39906838
Mail: s.eichel@citydog-hamburg.de
Web: www.citydog-hamburg.de

# Gott & die Hundewelt

# Trauer & Tod

„Ich sah die Sonne untergehen, und erschrak, als es Dunkel war!" Dieser frei nach Franz Kafka zitierte Satz beschreibt unseren Umgang mit dem Thema Tod sehr gut. Dabei gehört das Sterben zum Leben dazu. Das letzte Kapitel gibt einen Überblick, welche Möglichkeiten München für den letzten Weg eines Hundes bietet, welche Erinnerungsstücke bleiben können und wer beim Thema Trauerbewältigung helfen kann.

# Wege über die Regenbogenbrücke

## Wohin mit dem verstorbenen Hund?

Beerdigen oder Einäschern, Sammelgrab oder Urne für daheim – Jeder Hundebesitzer hat seine eigene Vorstellung von der letzten Ruhestätte des treuen Gefährten. Wir zeigen auf, welche Möglichkeiten es in München gibt.

Die wohl am häufigsten gewählte Variante zur Verabschiedung eines geliebten Vierbeiners ist die Verbrennung im Tierkrematorium Tiertrauer in München-Riem. Schon seit 1972 existiert die heute hochmoderne Tierverbrennungsanlage für verstorbene Heimtiere – übrigens die erste Europas. Ursprünglich war das Krematorium für das nebenan liegende Tierheim geplant. Doch seit 1997 ist die Anlage auch für die Allgemeinheit geöffnet. Rund 800 Tiere werden hier pro Monat eingeäschert. Die Tierhalter können zwischen einer Sammel- oder Einzeleinäscherung wählen. Letztere kostet bei einem knapp 20 Kilogramm schweren Hund 220 Euro. Hinzu kommen eventuell noch Kosten für den Transport, Verpackung, die Beisetzung oder den Versand der Urne und ein Zertifikat.

### Abschied nehmen

Wer sich von seinem Hund noch ein letztes Mal verabschieden möchte, dem steht der Raum der Stille im Krematorium zur Ver-

fügung. Hier kann man seinen aufgebahrten Fellkameraden noch einmal streicheln, eine individuelle Zeremonie veranstalten oder auch die Einleitung der Einäscherung über einen Monitor verfolgen. „Ungefähr 30 Prozent der Kunden nutzen diese Möglichkeit des Abschiednehmens", erzählt Wolfgang Duckstein, Anlagenführer des Krematoriums. Die Trauernden haben circa eine halbe Stunde Zeit, bevor die Einäscherung beginnt. „Wir gestalten diesen Prozess so würdevoll wie möglich, " so Duckstein, "unser Team unterstützt die Tierhalter in allen Fragen – von der Abholung bis hin zur Andenkenauswahl."

So werden Dekorationsmöglichkeiten mit Bild und Blumen für den Raum der Stille angeboten. Die Tierhalter können eine adäquate Musik wählen oder auch selbst musizieren. Sogar Buddhisten haben sich hier schon von ihren Tieren verabschiedet.

Die gesamte Einäscherung dauert – je nach Gewicht des Tieres – 15 bis 90 Minuten. Anschließend werden die Überreste in einem verplombten Aschebeutel entweder an den Besitzer verschickt oder in einem der Sammelgräber bestattet. Übrigens kommt die Abwärme des Krematoriums dem Tierheim als Energie wieder zugute.

Das Tierkrematorium in München

Von Stuttgart quer durch Bayern bis Tirol fährt die Haustierbestattung Oberland aus Miesbach. Hier kann man sich in der Urnen- und Tierportraitausstellung am Innsbrucker Ring unverbindlich beraten lassen.

## Bestattung

Bis vor kurzem durfte man noch die Überreste seines Hundes im eigenen Garten vergraben. Doch das ist seit 2012 aufgrund neuer EU-Verordnungen nun verboten.

Darum gibt es bei München zwei spezielle Tierfriedhöfe. So bietet der Tierfriedhof „Letzte Ruhe" in Obermenzing anonyme Grabstätten für 380 Euro, Reihengräber ab 500 Euro und exklusive Luxuseinzelvarianten bis zu 1000 Euro für die gesamte Liegezeit an. Aufgrund von Auflagen der Stadt müssen Katzen und kleinere Hunde mindestens fünf Jahre, größere Hunde mindestens sieben Jahre begraben bleiben. Ob Abholung des verstorbenen Tieres zuhause oder beim Tierarzt, Organisation der Bestattung oder spätere Grabpflege – Friedhofsbetreiber Stefan Wolf und Eva Lang bieten einen kompletten Rundumservice. Sogar therapeutisch unterstützte Abschiednahme oder Sterbebegleitung vom geliebten Haustier kann auf Wunsch vermittelt werden. „Oft melden sich Tierbesitzer schon, wenn das Tier schwer erkrankt ist, aber noch lebt", weiß Stefan Wolf zu berichten, "so kann schon vorab eine schöne Grabstätte ausgesucht werden und Herrchen und Frauchen wissen, was sie erwartet."

Tiergrab in München

Im Nordwesten von München bei der S-Bahn-Station Halbergmoos liegt Münchens erster Tierfriedhof. In der 2000 Quadratmeter großen Anlage steht nicht nur ein über drei Meter großes, vergoldetes Kreuz, sondern auch eine fast fünf Meter große Jesusfigur. Grabbesitzer erhalten einen eigenen Schlüssel um jederzeit am Grab trauern zu können. Hier kostet ein anonymes Grab für Kleintiere wie Hamster o. ä. und die Dauer von drei Jahren ab 150 Euro, die günstigsten Reihengräber gibt es ab 300 Euro. Zudem bietet der Friedhofsverwalter Wolfgang Müller Tiersärge aus Holz, Ökokarton oder Weide, Grabsteine aus Granit und einen rundum Service von der Abholung des toten Tieres bis zur Grabpflege an.

Gänzlich verboten ist übrigens das Vergraben von Heimtieren in Wasserschutzgebieten und in unmittelbarer Nähe von öffentlichen Plätzen und Wegen oder im Wald. Das ist eine Ordnungswidrigkeit und wird mit Bußgeldern bis zu 20.000 Euro geahndet.

## Andenken im Herzen

Für alle, die mit dem Ableben des Tieres ihren vierbeinigen Gefährten ausschließlich im Herzen tragen wollen, bleibt entweder die Überlassung in der Veterinärklinik München zur medizinischen Ausbildung von Tierärzten oder die preisgünstige Alternative der Tierkörperbeseitigung durch die Firma Berndt. Das Fachunternehmen aus Oberding verlangt für die Entsorgung eines bis zu 50 Kilogramm schweren Hundes knapp 25 Euro. Dies mag für manchen grausig klingen, für andere ist es aber vielleicht die einzige Möglichkeit des Handelns. Letztendlich muss es jeder nur vor sich selbst verantworten, welchen letzten Weg er für seinen treuen Gefährten wählt.

## Tipp

Denken Sie daran, Ihren verstorbenen Hund bei der Stadt abzumelden und die Haftpflichtversicherung zu kündigen. Übrigens kann die Steuernummer und auch die Haftpflichtversicherung auf einen potenziellen vierbeinigen Nachfolger übertragen werden.

## Friedhöfe und Krematorien

**Krematorium Tiertrauer,** Riemer Straße 268, 81829 München, Tel.: 089-9455370, Web: www.tiertrauer.de, Öffnungszeiten: MO - FR 9 -17 Uhr, samstags 10 -14 Uhr, sowie Bereitschaftsdienst unter 0171-6164330 samstags 14 - 18 Uhr und Sonn-/Feiertags von 10 -18 Uhr.

**Oberland Haustierbestattung,** Tanja Swierkosz, Innsbrucker Ring 159, 81669 München, Tel.: 089-68092566, Notrufnummer: 0177-6745996, Web: www.tier-bestatten.de, Öffnungszeiten: MO-FR von 10 -12 Uhr und 13 -16 Uhr, mittwochs Ruhetag bzw. weitere Öffnungszeiten nach Vereinbarung

**TFM Tierfriedhof München,** Wolfgang Müller, Postadresse: Jorhanstr.2, 85457 Wörth b. Erding, Mobil: 0172-1806100 (Infotelefon Tierfriedhof ), Mail: info@tierfriedhof-muenchen.de, Adresse Tierfriedhof : P&R Parkplatz S 8, Haltestelle Hallbergmoos, zwischen München-Ismaning und Flughafen FJS, Tel.: 0172-1806100, Web: www.tierfriedhof-muenchen.de

**Tierfriedhof Letzte Ruhe,** Breiter Weg 55, 81247 München, Tel.: 089-81059750, Web: www.tierfriedhof-letzte-ruhe.de, durchgehend geöffnet

**Ludwig-Maximilians-Universität München,** Veterinärstr. 13, 80539 München, Tel.: 089-21 80-0 Zentrale, Web: www.vetmed.uni-muenchen.de

**Fa. Berndt GmbH,** Hauptstr. 2-4, 85445 Oberding, Tel.: 08122-888-0, Web: www.berndt-gmbh.de

# Es war doch nur ein Tier?

## Wenn die Trauer nicht enden will

Der treue Gefährte ist tot und der Verlust groß. Doch jeder Mensch trauert anders. Während der Eine sich schon bald wieder über einen Welpen freut, braucht der andere einige Jahre Abstand. Am Schlimmsten ist es, wenn der Schmerz nicht enden kann. Das Fred & Otto Team stellt drei verschiedene Ansätze der Trauerbewältigung vor.

**Dr. Eva Dempewolf**, Therapeutin, Coach und ausgebildete Trauer- und Sterbebegleiterin sieht ihre Aufgabe vor allem darin, den trauernden Menschen in seinem Leiden ernst zu nehmen. Dies bedeutet im ersten Schritt, mit ihm gemeinsam die Leere durchzustehen, die durch den Verlust entstanden ist. Danach beginnt sie „...einfühlsam Inseln zu suchen, auf denen der Trauernde, im Meer von Leid und Kummer fast ertrinkend, wieder festen Boden unter den Füßen findet", so Dempewolfs bildliche Beschreibung des Trauerprozesses. Letztlich heißt es für den Hinterbliebenen zu akzeptieren, dass es nie mehr so sein wird, wie es war, und dennoch wieder Lebensfreude zu entwickeln.

Erfahrungsgemäß hängt die Art von Dempewolfs Trauerbegleitung stark von den jeweiligen Todesumständen ab. War der Hund alt oder krank, sieht die Trauer meist anders aus, als wenn er – womöglich durch eine kurze Unaufmerksamkeit des Besitzers – plötzlich aus dem Leben gerissen wurde. Auch die Familiensituation der Trauernden ist wichtig: War das Tier Mitglied einer größeren Familie oder vielleicht die einzige Bezugsperson eines (älteren) Menschen? Dazu kommt, dass jeder Mensch anders trauert und deshalb eine andere Form von Unterstützung braucht. Insofern ist Dempewolfs Vorgehen immer individuell und von Achtsamkeit geprägt.

Dr. Eva Dempewolf mit Pelle aus Menorca

Die ausgebildete Trauer- und Sterbebegleiterin bietet zudem Hilfe während des Abschiednehmens an. So steht sie zum Beispiel bei der schwierigen Entscheidung, ob ein Tier eingeschläfert werden oder eines natürlichen Todes sterben sollte, den Tierbesitzern beratend zur Seite. Im Fokus liegt dabei die noch oder nicht mehr vorhandene Lebensqualität und Würde des Sterbenden. Ist das Tier verstorben, rät die Therapeutin zu einem Trauerritual – in welcher Form auch immer –, um sich gut verabschieden zu können.

Ergänzend oder alternativ zu einer individuellen Trauerbegleitung empfiehlt Dempewolf den Austausch mit anderen Menschen, die ebenfalls einen geliebten Vierbeiner verloren haben. In Zusammenarbeit mit dem Tierportal München ist eine geführte Selbsthilfegruppe in Planung. Interessenten können sich entweder bei info@tierportal-muenchen.de oder bei Frau Dr. Dempewolf direkt unter post@pthp-sta.de melden.

## Tiertrauer und Verlustbewältigung

Dr. Eva Dempewolf, Praxis für Coaching, Psychotherapie (HPG) und Supervision, 82319 Starnberg, Tel.: 08151-5551797, Web: www.pthp-sta.de/www.mehr-kompetenzen.de

## Literaturtipp

Jochen Jülicher, „Es wird alles wieder gut, aber nie mehr wie vorher", Echter Verlag, 2011, 9,90 Euro; Doris Wolf „Einsamkeit überwinden", Pal Verlag, 2003, 12,80 Euro; Chris Paul „Wie kann ich mit meiner Trauer leben?" Gütersloher Verlagshaus, 2003, 9,95 Euro

## Tierkommunikation

**Gabriele Sauerland,** Tierkommunikatorin und Tierheilpraktikerin von communicanis, bietet Trauernden zweifache Unterstützung: Zum einen besteht die Hilfe in der Tierkommunikation, um zum Beispiel die Sicht des Hundes zu erfahren. Im diesem sogenannten Medialog – er ist ein durch communicanis eingetragenes Warenzeichen – wird dem Vierbeiner die Möglichkeit gegeben, seine Gefühle mitzuteilen. Zum Medialog gehören auch die schriftliche Dokumentation und anschließende Besprechung. Diese erleichtert es dem Halter zu verstehen, was seinem Tier wichtig ist. Er bleibt somit nicht mit offenen Fragen, Vermutungen oder Ängsten zurück.

Die Wahlallgäuerin kennt die Vorbehalte, die mit der Tierkommunikation verbunden sind: „Es ist mir absolut bewusst, dass auf diesem Gebiet – übrigens wie in jedem anderen Berufszweig auch – viele schwarze Schafe unterwegs sind", so Gabriele Sauerland, "aber nach dem Besuch eines wenig einfühlsamen Zahnarztes ist mein Resümee ja auch nicht ‚nie wieder Zahnarzt'." Zudem wird das Team um communicanis durch viel positives Feedback – auch von ehemaligen Zweiflern – bestätigt.

Als hilfreich habe sich die Kontaktaufnahme zum Tier vor allem bei Unsicherheiten in Bezug auf Euthanasie bewährt, da Tiere sehr detailliert mitteilen, was gerade gut für sie sei. So erfahre der Besitzer die Perspektive seines vierbeinigen Gefährten und könne ihm wirklich zur Seite stehen. „Tiere vermitteln ihre Gefühle, sie lassen uns teilhaben an ihrer Wahrneh-

Gabriele Sauerland mit Podenco

## communicanis

Gabriele Sauerland, Tierkommunikation, Seminare und Workshops: Aus der Sicht der Tiere, 87669 Rieden am Forggensee, Tel.: 08362-922696, Mail: info@communicanis.de, Web: www.communicanis.de

## Brücke zwischen Mensch und Tier

**Irmgard Pross-Kohlhofer** beschäftigt sich aus persönlichem Interesse mit dem Thema Brücke zwischen Mensch und Tier. Neben ihrem Hauptberuf als Verwaltungsangestellte hat sie sich lange Jahre und intensiv mit dem Thema Sterbebegleitung auseinandergesetzt. Ihre Aktivitäten bezüglich Trauerhilfe kommen vor allem als Spende den heißgeliebten Eseln wieder zugute. Pross-Kohlhofer führt sehr viele Gespräche am Telefon. Sie ist für die Trauernden einfach nur da. Manche möchten schon vor dem Ableben des Tieres mit ihr sprechen, manche auch danach. Bei Bedarf geht Pross-Kohlhofer auch mit zum Tierarzt.

In puncto Euthanasie rät sie, auf jeden Fall eine zweite Meinung einzuholen. Auch wenn sie den natürlichen Tod bevorzugt, sieht Pross-Kohlhofer ein paar Gründe, wie z. B. eine schwere Erkrankung mit Erstickungsgefahr, wo Euthanasie von Nöten ist.

Pross-Kohlhofer zeigt den Trauernden verschiedene Wege auf, den Schmerz zu überwinden. Das fängt beim Briefe schreiben

mung, die in Kooperation mit dem Tierarzt sowie dem Tierhalter aufschlussreich sind, um eine Entscheidung treffen zu können", weiß Sauerland und sie betont: „Ich denke, wir können noch viel lernen und eines der wichtigsten Lernziele sollte sein, die Perspektive des Tieres wahrzunehmen und ihm mit Respekt und Achtsamkeit zu begegnen."

Sauerland rät allen Tierhaltern, sich rechtzeitig mit dem Thema Abschied zu beschäftigen und nicht erst, wenn es quasi schon fünf vor zwölf ist. Deshalb bietet communicanis auch das Seminar ‚Abschied und Wandel aus tierischer Sicht' an. Dieses dient, so die Erfahrung von Sauerland, einerseits als Vorbereitung aber auch als Aufarbeitung um loslassen zu können, um zu verstehen und dem Thema die Angst zu nehmen.

Irmgard Pross-Kohlhofer mit Jenny und Benji

an und geht bis zum Ausstreuen der Asche. Allen, die wissen, dass der geliebte Hund bald stirbt, empfiehlt sie, sich geistig zu verabschieden. Damit meint sie: Eine angenehme Atmosphäre schaffen, Kerzen anzünden, leise Musik anmachen, sich neben den Hund setzen, mit ihm sprechen und an die Zeit mit ihm denken. Von lustig über traurig, besorgt und verärgert – es dürfen alle Erinnerungen hervorgekramt werden.

Und dann sollte der Hund losgelassen werden. Zum Beispiel, indem man sich eine Brücke in ein wunderbares Regenbogenland vorstellt. Schließlich sind wir ja dort alle eventuell wieder vereint.

## Brücke Mensch Tier

Irmgard Pross-Kohlhofer, Tel.: 08061-9399120, Mobil: 0160-8266909, Mail: info@bruecke-mensch-tier.de, Web: www.bruecke-mensch-tier.de

# Trauer muss nicht schwarz sein

## Tierurnen und Särge aus Künstlerhand

Chris Bleicher, Deutschlands erste Künstlerin, die Tierurnen und -särge bemalte, ist so bunt wie das Leben selbst. Das Fred & Otto-Team besuchte die Trendsetterin in ihrer Open-End-Ausstellung „Lichtvolle Energie" im Herzen Münchens.

„Jeden Urlaub planen wir bis ins Detail, nur für unsere letzte Reise verschwenden wir zu Lebzeiten kaum einen Gedanken", kommentiert Chris Bleicher, Neon- und Performance-Künstlerin aus München, unseren westlichen Umgang mit dem Tod. Doch wie kommt ein lebensfroher, junger Mensch dazu, sich mit der menschlichen Vergänglichkeit zu befassen? Das Bewusstsein, dass viele Künstler zu Lebzeiten in finanziell schwierigen Situationen leben und posthum vermarktet werden, ließ Bleicher aktiv werden. Seit 1998 beschäftigt sich die Künstlerin intensiv und öffentlichkeitwirksam mit diesem Thema. In ihrer 2.000 Quadratmeter großen Einzelausstellung im Deutschen Museum München wählte sie dafür ein prominentes Beispiel: Unter dem Motto „Chris Bleicher – Bruder van Gogh" interpretierte die Münchenerin nicht nur die Werke des niederländischen Malers auf ihre ganz besondere Weise, sie dekorierte zudem in der Nacht vom 28. auf den 29. Juli im Angedenken des 108. Todesjahres Van Goghs das Forum der Technik mit 14.000 frischen Sonnenblumen und bemalte einen Sarg – der eines Tages ihr eigener werden soll – mit Sonnenblumen.

Letzteres klingt für Außenstehende im ersten Moment befremdlich, ist aber von der Künstlerin wohl durchdacht: „Sich mit dem eigenen Tod auseinanderzusetzen ist sehr positiv und bedeutet weder, dass man auch gleich stirbt, noch, dass alles schwarz und traurig sein muss!", betont die Querdenkerin. Und tatsächlich: Alles um die Neonkünstlerin herum ist farbig. In Ihrem Showroom stehen bemalte Tierurnen und -särge neben fröhlichen Skulpturen. An der Wand spenden illuminierte „Neon Bild Objekte" mit installiertem Neonlicht und integrierten, die Thematik unterstreichenden 3-D-Elementen eine lebendige Atmosphäre. Die Künstlerin selbst hat ihr rotes Haar geschickt zu einer wilden Frisur drapiert, das Gesicht ist perfekt geschminkt und das Outfit natürlich farbig!

Tiersärge und –urnen von Chris Bleicher

## Dem Tod das Schreckliche nehmen

Mit der künstlerischen Gestaltung der letzten Ruhestätte von Mensch und Tier möchte die Münchenerin dem Tod das Schreckliche nehmen und auch zur Trauerbewältigung beitragen. Manchmal, so erzählt sie, hört sie den trauernden Menschen einfach nur zu, weil sie merkt, dass diese das gerade brauchen. Um der Trauer einen Raum zu geben, bietet sie auf ihrer Webseite www.bleicher.com sogar den virtuellen Tierfriedhof namens „Tierhimmel" an.

Trotz ihres schrillen Äußeren ist Chris Bleicher keineswegs überkandidelt. „Ich bin in vielen Dingen durchschnittlich unserer Zeit um acht Jahre voraus" stellt die Avantgardistin fest. So hatte sie 1996 schon ihre Website www.peepart.com, deren Layout sie ganz bewusst bis heute beibehalten hat. Zudem beschäftigt sie sich mit anderen ernsthaften Themen unserer Zeit. So drückt Bleicher schon seit über zwanzig Jahren in ihren Werken den Wunsch zur Erhaltung der Natur in Verbindung mit Technik aus. Das Ziel ihrer Kunst: Zum Nachdenken und Hinterfragen anregen und bestenfalls zur Verbesserung von mangelhaften Situationen beitragen. Bleichers Objekte werden mittlerweile als Sammlerstücke gehandelt. Wer die wunderbaren Unikate der Künstlerin persönlich anschauen möchte, kann gerne mit Hund – ein Trinknapf steht immer bereit – und nach vorheriger Terminvereinbarung in ihrer Open-End-Ausstellung „Lichtvolle Energie" vorbeischauen.

Chris Bleicher und Salome in der Open-End-Ausstellung „Lichtvolle Energie"

### Kontakt

Chris Bleicher
Müllerstr. 43
80469 Muenchen
Tel.: 089-264142
Mail: chris@bleicher.com
Web: www.peepart.com (seit 1996);
www.bleicherart.com (Kurzfassung mit neuem Layout), www.bleicher.com (Urn Art), www.bavaria-art-souvenirs.com

# Alles für Daisy

## Wie man nach seinem Tod für den Hund sorgt

Das Leben ist endlich. Auch unseres. Es kann den Fall geben, dass der Hund einen überlebt. Was dann? Kann man vorsorgen? Man kann nicht zwangsläufig davon ausgehen, dass Hinterbliebene das Haustier übernehmen. So kann es zu Konflikten mit bereits vorhandenen Tieren bei den Erben kommen. Oder in der Familie herrscht eine Hundehaarallergie. Anderen ist die Aufnahme eines Tieres schlichtweg zu teuer. Will keiner aus der Familie das Tier aufnehmen, bleibt nur noch eins: Das örtliche Ordnungs- oder Veterinäramt ordnet die Hundeverwahrung in einem Tierheim an. Für die meisten der blanke Horror.

### Hunde als Erben

Könnte man nicht seinem Tier Geld vererben, damit es lebenslang versorgt werden kann? Wie war das doch gleich mit Modeschöpfer Rudolph Moshammer und seiner Yorkshire-Terrier-Hündin Daisy? Nachdem Moshammer 2005 ermordet worden war, kolportierten die Zeitungen, dass Daisy alles erben würde. In Wahrheit sah das Testament allerdings vor, dass sein langjähriger Leibwächter und Chauffeur als Generalbevollmächtigter eingesetzt wird. Er übernahm die Pflege und Betreuung für die Hündin Daisy – bis zu ihrem Tod im Oktober 2006. Dafür wurde er großzügig testamentarisch bedacht. Warum Daisy nicht direkt als Erbin eingesetzt werden konnte, zeigt ein Blick auf ein früheres Gerichtsurteil. Bereits 2004 hatte das Münchener Landgericht in einer ähnlichen Sache entschieden. Die Besitzerin eines Hundes hatte ihren Vierbeiner als 1. Erben testamentarisch eingesetzt. Nach ihrem Tod übernahm eine Bekannte der Verstorbenen die Pflege des Tieres, im festen Glauben statt des Tieres zu erben. Das Gericht entschied jedoch, dass Tiere aufgrund der Rechtslage nicht erbfähig sind. Da sie laut Gesetz wie Sachen zu behandeln sind, können sie nicht rechtsfähig sein.

### Das Testament zählt

Es gibt jedoch zwei Möglichkeiten, diese Rechtslage zu umgehen: Zum einen kann man verfügen, dass ein Notar als Testamentsvollstrecker die Aufgabe übernimmt, eine Pflegestelle für das Haustier zu finden. Das Vermögen kann in diesem Fall als regelmäßige Zuwendung überwiesen werden. Die Alternative besteht darin, im Testament einen Erben zu benennen, der sich zur lebenslangen Pflege des Tieres verpflichtet, um seinen vom Erblasser bestimmten Erbanteil zu erhalten. Ist niemand im Familien- oder Freundeskreis bereit, so kann auch eine juristische Person, also ein Verband, ein Verein oder eine Stiftung im Testament bedacht werden. Man kann zum Beispiel den örtlichen Tierschutzverein im Testament berücksichtigen mit der Auflage, sich um die Belange des Tieres bis zu dessen Tode zu kümmern. Selbst Detailfragen wie Futtermittel oder Unterbringungslokalität können schriftlich fixiert werden. Die finanziellen Modalitäten lassen sich je nach Vertrauen zum Erben variieren. So ist es möglich, dem Erben monatliche Zahlungen zukommen oder von vornherein auf das gesamte Vermögen Zugriff nehmen zu lassen.

Auch nach Herrchens Tod noch versorgt? Manche planen da bereits langfristig

## Notfalls zum Notar

Der Wunsch, über seinen eigenen Tod hinaus den tierischen Begleiter gut versorgt zu wissen, lässt sich also realisieren. Aber:

Um sicherzustellen, dass sich die eigenen Wünsche mit deutschem Recht vereinbaren lassen, empfiehlt es sich, ein Testament unter notarischer Hilfe anzufertigen. Auch bieten örtliche Tierschutzvereine Hilfe bei der Beantwortung rechtlicher Fragen.

MEVISTO

SAPHIRE & RUBINE

*Longer than Life*

## Als Edelstein werden wir Dich nie vergessen.

Unvergleichliche Saphire und Rubine, hergestellt aus den Haaren
oder der Asche eines geliebten Hundes.

*www.mevisto.eu*

# Infos & Adressen

Die besten Adressen und Kontakte der Münchener Hundewelt …

# Züchter, Tierheim & Co.

## BVZ - Berufsverband zertifizierter Hunde-trainer e.V.
Andreas Heusinger von Waldegge (Vorsitzender)
Heinrich-Schütz-Allee 242
34134 Kassel
Tel.: 0561 40700775
Fax: 0561 50332157
Mobil: 0176 10424310
E-Mail: info@bvz-hundetrainer.de
Web: www.bvz-hundetrainer.de

## Jagdgefährten e.V - 2. Chance für Jagd-hunde
Annoweg 2
58675 Hemer
Tel. 02372-76853
web: www.jagdgefaehrten.de
*Die Jagdgefährten, allesamt Jagdhundeführer mit Leib und Seele, möchten diesen Hunden eine zweite Chance geben: die Chance auf eine art- und rassege-rechte Haltung und die Chance auf eine glückliche gemeinsame Zukunft - ob als Jagd- oder einfach als Weggefährte. Wir vermitteln unsere Hunde an Jäger und Nicht-Jäger, die ihrer Aufgabe als Jagdhunde-halter ehrlich gerecht werden wollen.*

## Mobile Hundeschule Hüther
Inhaberin: Daniela Hüther
Krähenweg 140b
81249 München
Mobil: 0175 1169174
E-Mail: daniela-huether@web.de
Web: www.mobile-hundeschule.eu
www.angsthunde.com

## Tierheim München
Riemer Strasse 270
81829 München
Tel.: 089-921 000 88
Fax: 089-907 320
E-Mail: info.gmbh@tierheim-muenchen.com
Web: www.tierschutzverein-muenchen.de

# Futter & Philosophie

## BeuteFuchs
Münchens Metzgerei für Hunde & Katzen-
Käpflstr. 11a
80689 München
Tel.: 089-379 61 555
E-Mail: info@beutefuchs.de
Web: www.beutefuchs.de
*Frisches, gesundes Biofleisch & Bio Menüs, TK Fleisch, natürliche Leckerlis u. Ergänzungen, sowie professi-onelle Futterberatung.*
*Alles, was das Barferherz begehrt, finden Sie bei uns!*

## Edenfood
Aus Liebe zum Tier
Tel.: 089 2885 9490
Fax.: 89 2885 9489
Web: www.edenfood.de

## Dagmar Kinner
Am Lochholz 38
80999 München
Tel.: 089-81 88 50 81
Fax: 089-89 22 05 91
Mobil: 0172-29 82 88 08
E-Mail: kinner@hund-und-katz.com
Web: www.hund-und-katz.com
*Tierkommunikation, Tierernährungsberatung, Rationsberechnungen, Wachstumskurven*

## Lehrstuhl für Tierernährung
Schönleutnerstraße 8
85764 Oberschleißheim
Tel.: 089-218 078 780
Web: www.ernaehrung.vetmed.uni-muenchen.de

## Terra Canis GmbH
Bismarckstrasse 2
80803 München
Tel.: 089-101 195 00
Web: www.terracanis.de

## Wildsterne GmbH
Oberweg 6
82008 Unterhaching
Tel.: 089-201 878 477
E-Mail: service@wildsterne.de
Web: www.wildsterne.de

## Wundertier
Naturkost & Drogerie für Haustiere
Garchinger Str. 36
80805 München
Telefon: 089/17929942
E-Mail: info@wunder-tier.de
Web: www.wunder-tier.de
Öffnungszeiten Ladengeschäft:
Mo-Fr 10:00 bis 19:00Uhr
Sa 10:00 bis 15:00Uhr
*Dafür wird er Sie lieben!*
*Der Naturkost-, Bio- und Drogeriemarkt für Ihren vierbeinigen Freund. Sehr gerne beraten wir Sie.*

## Yvonne Misof
Diefenbachstraße 7
81479 München
Tel.: 089-958 907 68
Fax: 089-95890767
E-Mail: info@gesunde4beiner.de
Web: www.gesunde4beiner.de
*Futterdirektverkauf & Tierheilpraktikerschule in Wolfratshausen bei München.*

# Sitz & Platz

## Beratung - Seminare - Training - Verhaltenstherapie
Mobiles Hundetraining
Iris Deuber
Rütter's D.O.G.S. Zentrum für Menschen mit Hund-
München
Tel.: 089 – 31 565 703
E-Mail: i-deuber@ruetters-dogs.de
Web: www.dogs-muenchen.de
*Sinnvolles und nachhaltiges Training nach dem Konzept von Martin Rütter: individuell, gewaltfrei, leise, artgerecht.*

## Die Hundeschule München - Training und mehr...!
Dr. med. vet. Stefanie Sprauer
Tel. 089-23517380
Mobil 0172-8018077
Mail: info@die-hundeschule-muenchen.de
Web: www.die-hundeschule-muenchen.de
*Artgerechte Hundeerziehung für Hunde jeden Alters! Mit Spaß, Vertrauen, Motivation und positiver Bestärkung zu einem glücklichen und harmonischen Team Mensch und Hund.*

## Die mobile Hundeschule
Inhaber: Heinz Reif
Deisenham 9
83308 Trostberg
Systemzentrale der mobilen Hundeschule für Europa
Tel.: 01805-339 111 oder 0049-(0)8621-648444
E-Mail: Info@chiemgauer-hundeschule.de
Web: www.die-mobile-hundeschule.com

## Dog's Academy
Dr.med.vet. Astrid Schubert
Dipl. Biol. Leandra Sabaß
Birkenleiten 15
81543 München
Tel.: 089-68 09 35 35
Fax: 089-68 09 17 79

## Edith Pechloff
Hundetrainerin
Meisentraße 14
81827 München
Tel.: 089-430 72 36
Mobil: 0151-125 553 33
E-Mail: hundespaziergang@t-online.de
Web: www.der-besondere-hundespaziergang.de
*Individuelle Hundeerziehung und Hunde-Aktiv-Programme wie geführte Wanderungen rund um München; Hunde-Spaziergänge mit Spiel-und Lerneinheiten; Mantrail (Personensuche) und vieles mehr.*

## goldwolf.de
Mein Hund – Sein Portal
Marion Lukaschewski
Aachener Strasse 431
50933 Kö n
Web: www.goldwolf.de
E-Mail: mail@goldwolf.de
*Das deutschlandweite Seminar- und Veranstaltungs-portal für alle hundebegeisterten Menschen!
Was? Wann? Wo?
Alle Angebote sortieren, vergleichen und direkt online buchen!
KOMM! SITZ! KLICK!*

## Hunde-Profitieren
Hundeschule und Seminare
Hohenbuch 7
85307 Paunzhausen
Tel.: 08166-994 91 87
Web: www.Hunde-Profitieren.de

## Hundeschule Dr. med. vet. Hildegard Jung
Stengelstraße 6 a
80805 München
Tel.: 089-361 969 39
Web: www.hildegard-jung.de

## Hundeschule Freude am Hund
Hundeplatz im Olympiapark
80637 München
Zweigstel e: 81241 München Pasing/Blumenau
Tel.: 0160-977 154 13
Web: www.Freude-am-Hund.info und www.Hunde-trainerausbildung-München.de
*Liebevolle, erfolgreiche Hundeerziehung durch Bindung, Vertrauen , Verständnis und Konsequenz!
Welpenspielgruppen, Erziehungskurse, Therapie, Spiel -und Spaß, Agility, Mantrailing, Fährte u.v.m
Ausbildung zum professionellen Hundetrainer mit Abschlusszertifikat. Schaun sie doch einfach mal rein.
Wir freuen uns auf SIE und Ihren HUND!*

## Hundeschule München Astrid Cordova
Osterwaldstraße 95
80805 München
Mobil: 0173-989 17 27
Tel.: 08452-736 78 97 (Anrufbeantworter)
E-Mail: info@hundeschulecordova.de
Web: www.hundeschule-cordova.de

## Hundeschule Sasha
Inh. Alexandra Sasha Krajnakova
Hundeplatz: Bachhauserwies 30
82335 Berg
Tel.: 08151-556 72 45
Mobil: 0172-77 18 58 7
E-Mail: mail@hundeschule-sasha.de
Web: www.hundeschule-sasha.de

## Hundeschule Stubenwölfe
Diana Hinkofer
Mobil: 0176-200 50 753
E-Mail: info@hundeschule-stubenwoelfe.de
Web: www.hundeschule-stubenwoelfe.de

## Individuelles Hundetraining
Andrea Rütten
Tel.: 089-94 40 53 25
Mobil: 0177-34 13 848
E-Mail: a.ruetten@hundetraining-muenchen.com
Web: www.hundetraining-muenchen.com
*Ihre mobile Hundeberaterin für München & Umgebung: Ganzheitliches Training nach Maß, umfangreiche Beratung, professioneller Gassiservice und mehr*

## Mantrail-Rätselfelle
Ausbildungszentrum für Mantrailer
Hohenbuch 7
85307 Paunzhausen
Tel.: 08166-994 91 87
Web: www.Maintrail-Rätselfelle.de

## Marita Schwägerl
Hund & Halter Hundeschule
Siegmund-Schacky-Str. 58
80993 München
Tel.: 089-416 070 28
Fax: 089-416 070 28
E-Mail: info@hundundhalter.net
Web: www.hundundhalter.net

## Sylvia Rauchenberger
Hundetrainerin, Tierheilpraktikerin, Tierkommunikatorin
Tierpsychologin, Ernährungsberaterin für Tiere
Schölfstaße 4
82269 Walleshausen
Tel.: 08195-999029
Mobil: 0179-1148501
Web: www.SylviaRauchenberger.de

## TIERQUADRAT
Dr. Ingeborg Altmann
Am Baumgarten 16
85635 Siegertsbrunn
Mobil: 0176-386 472 11
Web: www.tierquadrat.de
*Individuelle Beratung und Training für Menschen mit Hund, mit Schwerpunkt Coaching Mensch und Problemhunde.*

# Gassi & Co. / Reise & Verkehr

## Bavaria Film GmbH
Bavariafilmplatz 7
82031 Grünwald/Geiselgasteig bei München
Tel.: 089-649 920 00
Fax: 089-64993152
E-Mail: filmstadt@bavaria-film.de
Web: www.bavaria-film.de

## BergWauWau.de - Wandern mit Hund in den Alpen
Björn-Arne Schmitz
E-Mail: info@bergwauwau.de
Web: www.bergwauwau.de

## Botanischer Garten München-Nymphenburg
Menzinger Straße 65
80638 München
Tel.: 089-178 613 50
Fax: 089-17861340
E-Mail: info@botmuc.de
Web: www.botmuc.de

## Canis Resort München Airport
Erdinger Str. 135
85356 Freising
Tel.: 0800-907 09 07
Tel.: 08161-8846974

## Dog Motel
Die familiäre Hundebetreuung
Leon Meisel
Soldhofstr. 4 A
81245 München-Aubing
Tel: 089-203 56 995
Fax: 089-203 56 994
E-Mail: dog-motel@web.de
Web: www.dog-motel.de

## Dog Service München
Hundebetreuungs- und Gassiservice
Monika Ritzinger
Leifstr. 16
81549 München
Tel.: 089-69394427
Mobil: 0171-7339120

## Fit mit Hund®
Fitnesstraining & Hundesport
Sabine Struckl
9020 Klagenfurt (Österreich)
Tel.: 040-65 86 09 90
E-Mail: info@fit-mit-hund.com

## Fit mit Hund®
Urlaubsangebote: Bettina Differding
53894 Mechernich
Tel.: +49 (0) 40 65 86 09 90
E-Mail: urlaub@fit-mit-hund.com

## Freisinger Hundeverein
CaniFit Partner Mensch & Hund
Geschäftsstelle:
Veit-Adam-Straße 13
85354 Freising
E-Mail: info@canifit.de
Web: www.canifit.de

## Hotel am Moosfeld
Am Moosfeld 31-41
81829 München
Tel.: 089-429 190
Fax: 089-424 662
E-Mail: info@hotel-am-moosfeld.de
Web: www.hotel-am-moosfeld.de
*Übernachten im HOTEL AM MOOSFELD bedeutet auch ein VIP Status für Ihren Hund! Probieren Sie es aus und rufen Sie uns an! PS: Wir erheben lediglich eine Gebühr von 8,00 Euro für den gesamten Aufenthalt.*

## Hotel Wolf das Hundesporthotel
Zu Gast bei Hundefreunden
Dorfstraße 1
82487 Oberammergau
Tel.: 08822-92 33 0
Fax: 08822-92 33 33
E-Mail: info@hotel-wolf.de
Web: www.hotel-wolf.de

## Hundepension Isarwinkel
Seeshaupter Str. 66
82377 Penzberg
Mobil: 0175-466 4448
Web: www.hundepension-isarwinkel.de

## Leinentausch
Persönliche Betreuung für Deinen Hund
Tel: 0157 374 50 295
E-Mail: kontakt@leinentausch.de
Web: www.leinentausch.de

## Mein Hund dein Hund
Urlaubsbetreuung – Gassiservice
E-Mail: post@meinhunddeinhund.de
Web: www.meinhunddeinhund.de
*Herrchen muss arbeiten, Fam. Meyer fliegt in den Urlaub, Oma Traute ist krank – Waldi muss Gassi gehen? Kein Problem. Liebe Dogsitter kümmern sich um Waldi. Die Alternative zu Hundepensionen.*

## Münchener Tierpark Hellabrunn AG
Tierparkstraße 30
81543 München
Tel.: 089-625080
Fax: 089-6250832
E-Mail: office@tierpark-hellabrunn.de
Web: www.tierpark-hellabrunn.de

## Nicole Franke
Gassiservice
Sauerbruchstraße 23
81377 München
Mobil:0152-26479224

## Sammys nasse Schnauzen Hotel
Promenadestr. 24
85579 Neubiberg
Tel.: 089-6062296
Mobil: 01575-9257577
E-Mail: sammy.klos@hotmail.de
Web: www.sammysnasseschnauzen.de

## Tiertaxi Eva-Maria Hiebel
Tel.: 089-573 904
Mobil: 0172-890 64 97

## Trekking-Dogs
Andrea Preschl
60433 Frankfurt
E-Mail: kontakt@trekking-dogs.de
Web: www.trekking-dogs.de

## WauziWalk
Dagmar Tjoa
Denninger Str. 100
81925 München
Mobil: 0170 9060549
E-Mail: info@wauziwalk.de
Web: www.wauziwalk.de

## wuff & weg!
Hier kommt Ihr Urlaub auf den Hund
Doris Grüneberg
Geschäftsführerin
Mörfelder Landstr. 62
60598 Frankfurt am Main
Tel.: 069-96 237 045
Fax: 069-96 237 046
E-Mail: kontakt@wuffundweg.de
Web: www.wuffundweg.de

## Yellow Cab Verkehrsbetriebs-GmbH
Luisenstraße 4
80335 München
Web: www.citysightseeing-muenchen.de

# Hundeauslaufgebiete / Hundewiesen

**Allacher Forst**
Vorherstr. 27, 80997 München

**An der Schlossmauer**
außerhalb der Mauer des Nymphenburger Schlossparks

**Angerlohe**
Südlich der Angerlohstr., 80997 München

**Aubinger Lohe**
Nördlich der Eichenauer Str., 81249 München

**Denninger Anger**
Südlich der Denninger Str., 81925 München

**Englischen Garten**
Zugang z. B. über Giselastr., 80538 München (Achtung: Hunde müssen an der Leine bleiben)

**Fasanerie See**
Östlich der Feldmochinger Str., 80995 München (Achtung: Hunde müssen an der Leine bleiben)

**Forstenrieder Park**
Jenseits der Wolfrathshauser Str., 82547 München

**Hirschgarten**
Krumpenhofweg, 80639 München

**Isar-Auen**
Reichen vom Münchner Tierpark bis zum Englischen Garten

**Landschaftspark Hachinger Tal**
Zugang z. B. über An der Hachinger Haid, 82008 Unterhaching

**Luitpoldpark**
Westlich der Belgradstr., 80804 München

**Neuhofener Park**
Östlich der Plinganserstr., 81369 München

**Olympiapark München**
Zwischen Ackermannstr. und Georg-Brauchle-Ring

**Ostpark**
Südlich der Heinrich-Wieland-Str., 81735 München

**Pasinger Stadtpark bzw. Paul-Diehl-Park Gräfelfing**
Zugang z. B. über die Hugo-Fey-Weg 1, 81241 München (Achtung: Hunde müssen an der Leine bleiben)

**Perlacher Forst München**
Tegernseerlandstr. in Richtung A 995

**Sollner Wiesn**
Jenseits der Waterloostr., 81476 München

**Südpark /Sendlinger Wald**
Nördlich der Höglwörther Str., 81379 München

**Truderinger Wald**
Zugang z. B. über den Friedrich-Panzer-Weg, 81739 München

**Westpark**
Zugang z. B. über Siegenburger Str., 81373 München (Achtung: Hunde müssen an der Leine bleiben)

---

# Gesetz & Ordnung / Politik & Soziales

**aktion tier – Tierheim Teneriffa**
„Acción del Sol"
aktion tier - menschen für tiere e.V.
Spiegelweg 7
14057 Berlin
Tel.: 030-301 116 20
Fax: 030-301116214
E-Mail: berlin@aktiontier.org, mitgliederbetreuung@aktiontier.org
Web: www.aktiontier.org

**aktion tier – Tierrettung München e. V.**
Herzogstr. 127
80796 München
Tel.: 089-307 795 22
Notruf: 01805-84 37 73
E-Mail: info@tierrettungmuenchen.de
Web: www.tierrettungmuenchen.de

**Bayerischer Blinden- und Sehbehindertenbund e. V.**
**Arnulfstraße 22**
80335 München
Tel.: 089-559 880
Fax: 089-559 88 266
E-Mail: muenchen@bbsb.org
Web: www.bbsb.org

**Berufsverband der Hundeerzieher und Verhaltensberater e. V. (BHV)**
Auf der Lind 3
65529 Waldems-Esch
Tel.: 06192-9581136
E-Mail: info@hundeschulen.de
Web: www.hundeschulen.de

**Berufsverband zertifizierter Hundetrainer e. V.**
Jagdstraße 18, 90768 Fürth
Tel.: 0911-78088-28
E-Mail: info@bvz-hundetrainer.de
Web: www.bvz-hundetrainer.de

## CANIS - Zentrum für Kynologie
Im Wackenbach 2
35687 Dillenburg-Niederscheld
Tel.: 02771-8009306
Fax: 02771-8010607
E-Mail: info@canis-kynos.de
Web: www.canis-kynos.de

## Förderverein „Beißt der?"
Sicherheitstraining Kind & Hund e.V.
Dr. Hildegard Jung
Stengelstr. 6a
80805 München
Tel.: 089-36 196 939
Fax: 089 36 196 938
E-Mail: info@schulhunde.de
Web: www.schulhunde.de

## Gnadenhof Kirchasch
Am Jagdhaus 2
85461 Neumauggen
Tel.: 08122-14351
Mobil: 0175-257 34 82
Besuchszeiten MI - SO von 13 - 16 Uhr

## Haustier112
Tel.: 01805-404 610
E-Mail: info@haustier112.de
Web: www.haustier112.de

## Helfende-Hunde
Ausbildungszentrum für Therapiehunde
Hohenbuch 7
85307 Paunzhausen
Tel.: 08166-994 91 87
Web: www.Helfende-Hunde.de

## Kanzlei Laumer & Laumer
## Rechtsanwältin Karina Herold
Dachauer Str. 31
80335 München
Tel.: 089-552 16 00
Fax: 089-552 160 55
E-Mail: ra-herold1@gmx.de
Spezialistin für Tierrecht, insbesondere für Hunde-
und Pferderecht, Tierhalterhaftung, Listenhunde,
Kaufverträge, Tierarzthaftung

## Rechtsanwaltskanzlei Thalwitzer
René Thalwitzer
Isoldenstraße 10a
95445 Bayreuth
Tel.: 0921-1512341
Fax: 0921-1512342
E-Mail: mail@kanzlei-thalwitzer.de
Web: www.kanzlei-thalwitzer.de

## Servicehunde-Bayern
Ausbildungszentrum für Servicehunde
Hohenbuch 7

85307 Paunzhausen
Tel.: 08166-994 91 87
Web: www.Servicehunde-Bayern.de

## Stiftung Bündnis Mensch & Tier
Dr. Carola Otterstedt
Luganoweg 15
81475 München
Tel.: 089-379 137 61
Web: www.buendnis-mensch-und-tier.de

## Sunnydays for Animals München
Daniela Seiferth
Web: www.sunnydays-for-animals.de

## Tierschutzverein München e.V.
Riemer Straße 270
81829 München
Tel.: 089-921 0000
Fax: 089-907 320
E-Mail: info@tierschutzverein-muenchen.de
Web: www.tierschutzverein-muenchen.de

## Tiertafel Deutschland e. V.
Ausgabestelle München
Andrea de Mello
Implerstraße 1, Eingang Kapellenweg (U-Bahn-Stati-
on Poccisstraße)
81371 München
Mobil: 01577-381 96 96
E-Mail: muenchen@tiertafel.de
Web: www.tiertafel.de

---

# Gesundheit & Wellness

## aktion tier - Tierrettung München e. V.
Herzogst. 127
80796 München
Tel.: 089-307 795 22
Notruf: 01805-84 37 73
E-Mail: info@tierrettungmuenchen.de
Web: www.tierrettungmuenchen.de

## BURATY Tierheilpraxis
Mobile Tierheilpraxis für Hunde & Katzen
Cary Buraty
Tel.: 089-4115 4188
Mobil: 0171-305 0228
E-Mail: tierheilpraxis@buraty.de
Web: www.buraty.de
*Die Tierheilpraktikerin mit mobiler Praxis.*
*Ich helfe Hunden und Katzen dort, wo sie sich am*
*wohlsten fühlen: bei Ihnen zu Hause.*
*Homöopathie, Bachblüten, Akupunktur, Blutegel-*
*therapie, Kräuterheilkunde, Ernährungsberatung*
*und Verhaltenscoaching.*
*Seminare für Tierhalter & Tiertherapeuten.*

**Dr. Kordula Roser**
prakt. Tierärztin
Simrockstr. 31
80997 München-Moosach
Tel.: 089-14 10 345
Fax: 089-143 494 81
E-Mail: TierdocRoser@mnet-mail.de
Web: www.TierdocRoser.de

**Dr. med. vet. Barbara Gack**
Prakt. Tierärztin
Hirschgartenallee 1
80639 München
Tel.: 089-176 538

**Dr. med. vet. Beate Gandorfer**
Josef-Pertl-Weg 4
83112 Frasdorf
Tel.: 08052-4637

**Dr. Ulrich Wendlberger**
Fachtierarzt für Dermatologie (Wien)
Fachkunde für Brachytherapie (Strahlentherapie)
Fachtierarzt für Kleintiere
Zus. Zahnheilkunde
Cert VD (Vet Dermatology)
Mühlbaurstrasse 45
81677 München
Tel.: 089-980 609
Web: www.strahlentherapie-fuer-tiere.de

**Haas & Link - Tierärztliche Fachklinik für Kleintiere**
Industriestraße 6
82110 Germering bei München
Tel.: 089-841 0 2222
Fax: 089-848 0 7606
E- Mail: info@haas-link.de
Web: www.haas-link.de
*Öffnungszeiten: MO - FR 9 - 13 Uhr und 15 - 18 Uhr, zudem gibt es einen 24 Stunden Notdienst.*

**Haustier112**
Tel.: 01805-404 610
E-Mail: info@haustier112.de
Web: www.haustier112.de

**Hundesalon - Laim - Nymphenburg**
Mechthildenstr. 42
80639 München
Tel.: 089-565 240
Web: www.hundesalon-laim.de

**Hundesalon Popp**
Uwe Popp
Elsässer Str. 24
81667 München
Tel.: 089-470 54 52
Mobil: 0172-953 54 32
Fax: 089-43607884
Web: www.hundesalon-popp.de

**Kleintierpraxis Dr. Ines Holz**
Wilhelm-Dieß-Weg 2
81927 München
Tel.: 089-931 213
Fax: 089-930 61 32
Web: www.kleintierpraxis-holz.de
*Fachärztin für Kleintiere und Tierphysiotherapeutin (Zentrum für Physikalische Therapie und Rehabilitation).*

**Mobiler Hundesalon**
mit Spezialfahrzeug im Raum München
Tel.: 089-412 00 313
Web: www.mobidog.net

**Mobile Tierheilpraxis**
Doris Bäz
Denninger Str.154
81927 München
Tel.: 089-910 757 27
Fax: 089-910 757 26
E-Mail: info@tiernaturheil.de
Web: www.tiernaturheil.de
*Homöopathie, Akkupunktur, Vitalpilztherapie, Biomolekulartherapie*

**Moderne Pfoten**
Hundefriseurin & Hundebedarf
Resedenweg 6
81547 München
Tel.: 089-856 764 49
E-Mail: kontakt@moderne-pfoten.de
Web:www.moderne-pfoten.de
*Trimmterrier sind unsere Leidenschaft. Bei uns wird Ihr Hund fachgerecht und liebevoll behandelt! Sie können gerne dabei bleiben. Auch der Gaumen Ihres Vierbeiners wird in unserem kleinen Hundelad'l verwöhnt.*

**Naturheilpraxis und Physiotherapie für Tiere**
Julia Katrin Fiegert
Kardinal-Wendel-Str. 13
81929 München
Tel.: 089-93930605
Mobil: 01761 9393060
E-Mail: mail@naturalpet.de

**Natürlich Gesund Geuter**
Nicole Geuter
Thalkirchner Str. 125
81371 München
Tel.: 089 12 59 59 11
Fax: 089 12 59 59 15
Email: natuerlich-gesund-geuter@web.de
Web: www.natuerlich-gesund-geuter.de
*Klassische Tierhomöopathie*

## NaturPfote – Naturheilkunde & Physiotherapie für Hunde

Tina Belschak
Mobile Praxis in München
Mobil: 0151-17 86 56 00
E-Mail: mail@naturpfote.de
Web: www.naturpfote.de
*Massagen, manuelle Verfahren und Bewegungstherapie, Blutegeltherapie, Dorn-Therapie und Breuss-Massage, Darmsanierung, Homöopathie und Pflanzenheilkunde*

## Praxis für Tiernaturheilkunde

Andrea Bonnet
Tel.: 089-62 26 91 27
Mobil: 01577-59 58 330
E-Mail: info@tierheilpraxis-bonnet.de
Web: www.tierheilpraxis-bonnet.de

## Spezielle Augenheilkunde für Tiere

Dr. Amelie Spiess
Schmorellplatz 11
81545 München
Web: www.augen-vet.de

## Tierärzte für Haut – Dres. Roth, Glos, Bettenay

Tierklinik für Kleintiere, Haas & Link
Industriestraße 6
82110 Germering b. München
Tel.: 089-84-10 22 22
Fax: 089-84-8076 06
Web: tieraerzte-fuer-haut.de
*3 Tierärztinnen (Diplomates ECV Dermatologie) die Sprechstunden für Dermatologie und Allergologie anbieten.*

## Tierärztliche Praxis Dr. med. vet. Klaus Sommer

Heiglhofstr. 1a
81377 München Großhadern
Tel.: 089-71049070
E-Mail: praxis@tierarzt-sommer.de
Web: www.tierarzt-sommer.de

## Tierärztliche Praxis für Verhaltenstherapie

Dr. med. vet. Stefanie Sprauer
Tel. 089-23517380
Mobil 0172-8018077
E-Mail: sprauer@tierverhaltensmedizin.de
Web: www.tierverhaltensmedizin.de
*Diagnostik, wissenschaftlich fundierte Therapie und individuelles Training zur positiven Verhaltensmodifikation bei Verhaltensproblemen und unerwünschtem Verhalten sowie Präventionsberatung vor und nach Anschaffung des Tieres.*

## Tierarztpraxis

Ingrid Ellinger-Hauber
Hans-Mielichstr. 2
81543 München
Tel.: 089-65 18 773
E-Mail: info@tierarzt-giesing.de
Web: www.tierarzt-giesing.de

## Tierarztpraxis an der Menterschwaige

Dr. Christiane Lehmann
Dr. Amelie Spiess
Kleintiere und Augenheilkunde
Schmorellplatz 11
81545 München
Web: www.tierarzt-menterschwaige.de

## Tierpraxis Dr. M. Grünerbel

Randelshoferweg 6
81479 München
Telefon: 089-75 96 82 22
Fax: 089-75 96 82 23
E-Mail: info@tierarztpraxis-solln.de
Web: www.tierarztpraxis-solln.de
*In unserer Praxis am Stadtrand (neben großer Hundewiese) versuchen wir mit viel Herz, Zeit und Kompetenz ihrem Liebling zu helfen.*

## Tiergesundheitszentrum München

Umfassende Tiermedizin unter einem Dach
Dr. Astrid Schubert - Praktische Tierärztin, Verhaltenstherapie
Dr. Petra Smital - Akupunktur, Phytotherapie, Bioresonanz
Dr. Julia Stiehl - Klassische Homöopathie
Dipl. Biol Leandra Sabaß - Verhaltenstherapie
Toni Forster - Physiotherapie
Birkenleiten 15
81543 München
Tel.: 089-68 00 83 83
Fax: 089-68 09 17 79
Web: www.tgz-muenchen.de

## Tierheilpraxis

für Hunde und Katzen seit 1987
Petra Stein
Schubertstr. 7
80336 München
Tel.: 089-538 07 63
E-Mail: thp.stein@t-online.de
Web: www.tierheilpraxis-stein.de

## Tierklinik Ismaning

Fachklinik für Kleintiere
Oskar-Messter-Straße 6
85737 Ismaning bei München
Tel.: 089-540 45 640
Fax: 089-540 45 64 11
E-Mail: info@tierklinik-ismaning.de
Web: www.tierklinik-ismaning.de

## Shopping & Lifestyle / Leben & Arbeit

### Andrea Späth Fotodesign
Untere Parkstr. 40 B – 85540 Haar (München Ost)
Tel: 089-542 459 04
Mobil: 0171-810 17 12
E-Mail: info@fotodesign-spaeth.de
Web: www.fotodesign-spaeth.de
*Ich fotografiere Charakterportraits von Ihrem Haustier: ausdrucksstark, künstlerisch und anspruchsvoll. Gerne lichte ich Sie auch zusammen mit Ihrem Liebling ab! Besuchen Sie mich in meinem Fotostudio im Osten von München.*

### Christoph Baron von Vietinghoff
Fotografie
Bruderhofstraße 31
81371 München
Mobil: 0176-48802304
E-Mail: info@morangos.de
Web: www.morangos.de

### Der Schwabinger RaubtierSalon
Flagship Store
Aus Liebe zum Tier
Schleissheimer Straße 188
80797 München
Tel.: 089-228 428 98
Fax: 032-212 366 204
E-Mail: pitbull@raubtiersalon.de
Web: www.raubtiersalon.de

### dogs angels/co heels angels
Anja Hoffmann
Klenzestr. 45 im Hof
80469 München
Web: www.dogs-angels.de
*Im Atelier der Massschuhmacherei „Heels Angels" werden unter „Dogs Angels" individuelle Hundeaccessoires aus Leder gefertigt.*

### Dogs-Castle
The finest for Dogs
Tel.: 0049-02162-5307724 mit AB. (bitte hinterlassen Sie Ihre Rufnummer und den Namen, da wir später zurückrufen)
E-Mail: info@dogs-castle.de
Web: www.Dogs-Castle.de, www.Dogscastle.de

### Dog Toy
Onlineshop Kerstin Schulz
E-Mail:info@dog-toy.de
Web: www.dog-toy.de

### Doris Kujukovic
Feldenstrasse 4
82216 Maisach
Tel.: 08141-15436
Mobil: 0175-4659066
E-Mail: dokaku@t-online.de
Web: www.josolino.de

### GIPFELHUNDE®
Ausrüstung für Hunde
Humboldtstrasse 5
81543 München
Tel.: 089-520 327 27
Mobil: 0179-207 33 32
E-Mail: info@gipfelhunde.de
Web: www.gipfelhunde.de
*Der Hundeladen und Ruffwear™ Händler für funktionale Ausrüstung in München: Wandern, Mantrailing und Discdogging. Geführte Wanderungen.*

### Haus des Hundes GmbH
Bayerstr. 3-5 Mathäser Kinocenter 1 UG
80335 München
Tel.: 089-555 730
Fax: 089-515 189 59
E-Mail: hausdeshundes@arcor.de
Web: www.hausdeshundes.de

### Hundebedarf
Katrin Hartmann
Sauerbruchstraße 56
81377 München
Web: www.hundebedarf-hartmann.de

### hundskerle
Wendelsteinstraße 10 / Dreitorspitzstraße
85591 Vaterstetten bei München
Tel.: +49 8106 2130 282 Laden
Tel.: +49 89 46 2000 51 Büro
Fax: +49 89 46 2000 52 Büro
E-Mail: info@hundskerle.de
Web: www.hundskerle.de
*Wenn Stil sein darf...
ist Leitmotiv und Antrieb der hundskerle für ihr Programm rundum Hunde und Wohnen. Onlineshop und Ladengeschäft in München.*

### Kleine Hundeboutique
Am Bogen 34
85521 Ottobrunn
Mobil: 0176-707 237 78
E-Mail: mail@kleine-hundeboutique.de
Web: www.kleine-hundeboutique.de
*Exklusive Mode & Accessoires für kleine Hunde. Wir führen Hundebekleidung + Zubehör, wie Betten, Kissen, Decken, Schampoo, Pflegeartikel, Geschirre, Leinen, Näpfe, Tragetaschen uvm. der Marken Puppia, Pinkaholic, Trixie, usw.
Wir freuen uns auf Sie und Ihren kleinen Liebling.*

### Mario's Dogshop
...alles für Ihren Hund...
Tel.: 03496 212938
Fax: 03496 301849
Mail: Kontakt@Marios-Dogshop.de
Web: www.Marios-Dogshop.de

## Mellow Bello

Online-Shop
Dockenhudener Straße 4-6
22587 Hamburg
Tel.: 040-86 62 82 00
E-Mail: info@mellow-bello.de
Web: www.mellow-bello.de#

## Mops royal

Mopsappeal – Illustration –Artwork
Toemlingerstr. 12
81375 München
Mobil: 0174-766 55 07
E-Mail: mail@mops-royal.de
Web: www.mops-royal.de
*„Der Mops ist die Krone der Evolution."*
*Anja Mielke, künstlerische „Halterin" von Mops ro-*
*yal, untersucht auf diesem Gebiet die ganze kos-*
*mopsche Anziehungskraft.*
*Ihre tierische Familiengalerie dokumentiert die ganz*
*offensichtlich verwandtschaftlichen Beziehungen*
*von Mops und Mensch.*

## Petra Eckerl Tierfotografie

Herzogstr. 83
80796 München
Mobil: 0178-760 37 30
E-Mail: petraeckerl@hotmail.com
Web: www.petraeckerl.com
*Lust auf Fotos von Ihrem Hund? Ausdrucksstarke Hunde-*
*fotografie: Outdoor und im Studio. Studio in Schwabing.*

## pets Premium GmbH

Online-Shop
Landsbergerstr. 234
80687 München
Tel.: 089-809 115 650
E-Mail: service@petspremium.de
Web: www.petspremium.de

## Pfotenbild Tierfotografie

Andrea Ihringer
Therese-Giehse-Allee 73
81739 München
Mobil: 0174-287 07 55
E-Mail: info@pfotenbild.de
Web: www.pfotenbild.de

## Puppy & Prince Online Hundeshop

Internationales Hundezubehör
Giesbethweg 27
91056 Erlangen
Tel.: 09135-210 838
E-Mail: info@puppyundprince.de
Web: www.puppyundprince.de

## ROCKADOG

Klenzestraße 88
Eingang Auenstraße
80469 München

Tel.: 089-548 963 55
E-Mail: info@rockadog-muenchen.de
Web: www.rockadog-muenchen.de

## Tierland e. K.

Innstr. 6 b
85640 Putzbrunn
Tel.: 089-6500 6933
Fax: 089-6500 6934
E-Mail: info@tierland-putzbrunn.de

## Treusinn

Weißenburger Str. 19 RGB
81667 München
Tel.: 089 6214 64 55
Mobil: 0163 721 37 31
E-Mail: info@treusinn.de
Web: www.treusinn.de

## Wundertier

Garchinger Str. 36
80805 München
Tel.: 089-17929942
Web: www.wunder-tier.de

# Gott & die Hundewelt / Trauer & Tod

## Brücke Mensch Tier
Irmgard Pross-Kohlhofer
Tel.: 08061-939 91 20
Mobil: 0160-826 69 09
E-Mail: info@bruecke-mensch-tier.de
Web: www.bruecke-mensch-tier.de

## Chris Bleicher's Urn Art – Tierurnen und Tiersärge für Hunde
Müllerstr. 43, UG
80085 München
Geöffnet ist der Showroom nur nach Terminabsprache
Tel.: 089-264 142
E-Mail: chris@bleicher.com
Web: www.bleicher.com

## Fa. Berndt GmbH
Hauptstr. 2-4
85445 Oberding
Tel.: 08122-888 0
Web: www.berndt-gmbh.de

## Ludwig-Maximilians-Universität München
Veterinärstr. 13
80539 München
Tel.: 089-21 80-0 (Zentrale)
Web: www.vetmed.uni-muenchen.de

## Oberland Haustierbestattung
Tanja Swierkosz
Innsbrucker Ring 159
81669 München
Tel.: 089-680 925 66
Notrufnummer: 0177-674 59 96
Web: www.tier-bestatten.de

## TFM Tierfriedhof München
Wolfgang Müller
Postadresse: Jorhanstr.2
85457 Wörth b. Erding
Mobil: 0172-180 61 00 (Infotelefon Tierfriedhof)
E-Mail: info@tierfriedhof-muenchen.de
Adresse Tierfriedhof:
P&R Parkplatz S 8, Haltestelle Hallbergmoos, zwischen München-Ismaning und Flughafen FJS
Tel.: 0172-1806100
Web: www.tierfriedhof-muenchen.de

## Tierfriedhof Letzte Ruhe
Breiter Weg 55
81247 München
Tel.: 089-81059750
Web: www. tierfriedhof-letzte-ruhe.de

## Tiertrauer München GmbH
Riemer Str. 268
81829 München
Tel.: 089-945537-0
E-Mail: info@tiertrauer.de
Web: www.tiertrauer.de

## Tiertrauer und Verlustbewältigung
Dr. Eva Dempewolf
Praxis für Coaching, Psychotherapie (HPG) und Supervision
82319 Starnberg
Tel.: 08151-555 17 97
Termine nach Vereinbarung
Web: www.pthp-sta.de /
www.mehr-kompetenzen.de

# Rabatt-coupons

# Rabattcoupons

# Rabattcoupons

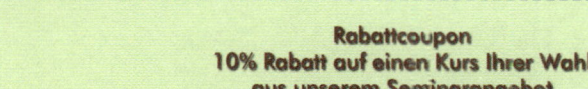

# Rabattcoupons

# Rabattcoupons

Fetra Eckerl Tierfotografie,
Herzogstr. 83, 80796 München,
Mobil: 0178-760 37 30,
Web: www.petraeckerl.com

10 % Rabatt auf alle Hundeshootings.

Dagmar Kinner,
Am Lochholz 38, 80999 München,
Tel.: 089-81 88 50 81,
Web: www.hund-und-katz.com

Kostenlose Basisernährungsberatung

Wundertier
Naturkost & Drogerie für Haustiere
Garchinger Str. 36
80805 München
Tel.: 089 -17929942
Mail: info@wunder-tier.de
Web: www.wunder-tier.de

Sie erhalten einmalig zu Ihrer Bestellung bei
www.wunder-tier.de die wunderbare Wunder-
tiertüte mit vielen Überraschungen.
Gutscheincode: Fred&Otto

Öffnungszeiten: Mo-Fr 10:00 bis 19:00Uhr,
Sa 10:00 bis 15:00Uhr

257

# Rabattcoupons

# Rabattcoupons

Gutscheincode: Gutschein-Fred&Otto
Bei dem Gutschein handelt es sich um
einen 10 % Rabatt-Gutschein.

www.mister-mo.de

**Rütter's**
**D.O.G.S.**
Für Menschen mit Hund

Mit diesem Coupon
erhalten Sie 10 % Rabatt
auf Einzeltraining.

**Für ein besseres Verständnis von Mensch und Hund.**

**Iris Deuber**
Mobiles Hundetraining
089.315 657 03
**www.dogs-muenchen.de**

**Beratung - Seminare - Training - Verhaltenstherapie**

**Felldummy.de**
Anke Haller
Mobil: 01719839868
Mail: anke@felldummy.de

Gutscheincode: FRED&OTTO
1 x pro Kunde 10 % Rabatt
auf www.felldummy.de

# Rabattcoupons

# Rabattcoupons

# Rabattcoupons

# Stadtführer für Hunde

# FRED&OTTO

## unterwegs in ...

**Hamburg, Düsseldorf, Köln, Berlin, Frankfurt am Main, München, Sylt ... und ab Frühjahr 2014 auch in Wien und im Ruhrgebiet**

14,90 Euro

Holger Wetzel · Mike Meinert

Stadtführer für Hunde
FRED&OTTO
Unterwegs in Hamburg

Mark Lederer

Stadtführer für Hunde
FRED&OTTO
Unterwegs in Düsseldorf

Inga F. Sprünken

Stadtführer für Hunde
FRED&OTTO
Unterwegs in Köln

Alexander Schug

Stadtführer für Hunde
FRED&OTTO
Unterwegs in Berlin

Myriam Hoffmann · Bertold Wiekmann

Stadtführer für Hunde
FRED&OTTO
Unterwegs in Frankfurt am Main

Almut Otto

Stadtführer für Hunde
FRED&OTTO
Unterwegs in München

Holger Wetzel · Mike Meinert

Inselführer für Hunde
FRED&OTTO
Unterwegs auf Sylt

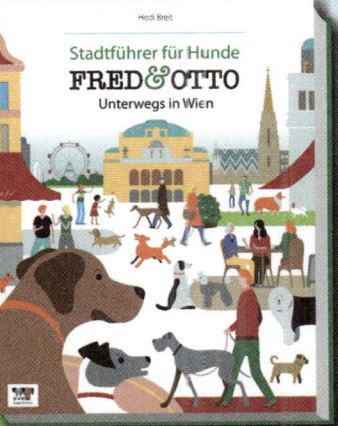

Hedi Breit

Stadtführer für Hunde
FRED&OTTO
Unterwegs in Wien

Markus Bötefür / Christine Petersen

Stadtführer für Hunde
FRED&OTTO
Unterwegs im Ruhrgebiet

**Mehr Infos unter www.fredundotto.de**

Rupert Fawcett

# Leinenlos! (Off the Leash)

## Das geheime Leben der Hunde

*Fantastisch und treffend beobachtet, herzerwärmend!*

*Der Facebook-Erfolg mit über 200.000 Freunden erstmals als Buch!*

Umfang: 160 S.
Format: 14 x 15,5 cm
Ausstattung: Klappenbroschur
Abb.: 160 Cartoons
ISBN: 978-3-95693-001-0
Preis: **9,90 Euro**
Verlag: www.fredundotto.de

---

Wollten Sie auch schon immer wissen, was ihr Hund wirklich denkt? Rupert Fawcetts Cartoon-Serie "Off the Leash" über die geheimen Wünsche der Hunde hat in kürzester Zeit eine weltweite Fangemeinde gefunden. Der sensationelle Facebook-Erfolg des Londoner Kult-Cartoonisten liegt nun erstmals gesammelt in einem Buch vor: Fantastisch und treffend beobachtet, herzerwärmend komisch mit bissigem britischem Humor. Ein kurzweiliger Comic-Spaß – nicht nur für Liebhaber der schwanzwedelnden Vierbeiner.

Rupert Fawcett hat mit seinem Cartoon "Off the Leash" einen spektakulären Erfolg in der angelsächsischen Welt gehabt. Der Zeichner lebt mit seiner Familie in London und mag Hunde - und weiß, was sie wirklich über uns denken!

Barbara Wrede

# Wartende Hunde

## Ein Buch über die Treue

*Der schön ausgestattete Bildband enthält über 100 Fotografien und Texte der Künstlerin. Herausgekommen ist ein Buch für alle Hundefans - und treue Menschen (und die, die es werden sollten).*

Umfang 200 S.
Format: 22 x 19 cm
Abb.: 160 Bilder
Hardcover
ISBN 978-3-9815321-2-8
Preis: **22,90 Euro**
Verlag: www.fredundotto.de

n wunderbares Buchgeschenk: Seit 1994 fotografiert die Berliner Künstlerin Barbara Wrede artende Hunde. Die Serie „Wartende Hunde" ist Hachiko, dem japanischen Akita gewidmet, er 10 Jahre am Bahnhof auf sein verstorbenes Herrchen gewartet hat. Zugleich ist die Serie n Versuch über die Treue.

ie Fotos der Serie „Wartende Hunde" entstanden nicht nur in Berlin, sondern auch auf Reisen ach Venedig, New York und in vielen anderen Orten.

ie Künstlerin Barbara Wrede aus Berlin gründete den Köterklub. In ihrem Atelier porträtiert, otografiert und zeichnet sie Hunde und betreibt meditative, bis zu einem Quadratmeter roße Fellstudien. Mit Buntstift.

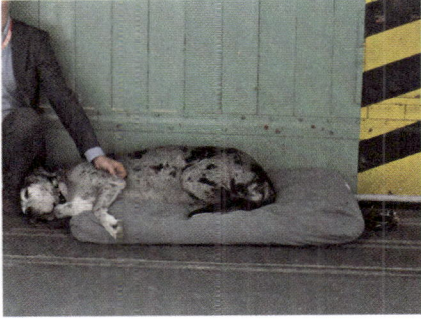

# IHR PLUS FÜR HUND UND NATUR

**FLEXIDOG ist nachhaltiger.**
Weil es überwiegend pflanzlich ist und eine hohe Energiedichte hat. Weil
ernährungsphysiologisch optimiert wurde und als Trockenfutter abfallarm
Und weil es eine gute Klimabilanz hat.

www.foodforplanet.de